「心配性」だから世界一になれた

先手を打ち続けるトップの習慣

パティシエ エス コヤマ社長
小山 進

祥伝社

「心配性」だから世界一になれた

写真(カバー、帯、表紙、55ページ以外の本文)——石丸直人
写真(55ページ)——株式会社ナカサアンドパートナーズ　中原 淳
装丁——FROG KING STUDIO

心を配ろう。お客様へ、仲間へ、明日へ。――そして自分へ。

2014年アワード受賞作品。テーマは「SENSE」。左上No.1「Deux Colombia」、右上No.2「桜の花&フランボワーズ」、左下No.3「こがし醤油」、右下No.4「抹茶&パッションのプラリネ」

SUSUMU KOYAMA'S
CHOCoLoGY
dégustation
No.4
2014
es koyama
JAPON

はじめに

僕は毎年、10月に入ると胃の調子がおかしくなる。

それはパリで世界最大級のチョコレートの祭典が開かれ、そこで「C.C.C.」と呼ばれるショコラ愛好家たちによるベストショコラティエの発表があるからだ。

僕はこの品評会に出すための作品を、1年間かけて準備している。いわば、1年間の小山進の集大成なのだ。

そこまで準備をして生まれた作品なので、自信はある。しかし、コンクールは人が審査するものだ。だからほぼ1カ月の間、「僕の作品に込めた想いはしっかり伝わっているだろうか」「今回のコンセプトは理解してもらえるだろうか」と、アワードの発表のことが頭から離れない。

そう、僕は類《たぐい》まれな心配性なのだ。

2014年のC.C.C.で、僕は最高位であるゴールドタブレットと、外国人部門の最優秀賞をいただいた（作品は4〜5ページに）。この2つの評価をいただいたのは、これで

3回目となる。

審査員の総評では、「軽やかな味わい、極限までに追求された味覚、哲学の中に小山進の素晴らしさがある。まさに、潜在意識にある美食の欲求に訴えるもの。味覚の錬金《れんきん》術師《じゅつし》といえる」と評された。

表彰式でも、審査員から「小山は今回の作品も非の打ち所がない圧倒的な4品で審査員全員を驚かせてくれた。来年も頼むよ」とコメントをいただいた。

これを聞いて、「伝わった、よかった！」と心から安堵《あんど》した。

しかし安心したのもつかの間、表彰式の舞台から降りると、とたんにこんな気持ちが湧きあがってきた。

「来年は、これを超えられるのか？」

喜びにうつつを抜かしている場合ではない。ここでこの1年間積み上げてきたものをリセットして、また一からスタートしなければならないのだ。

僕は子どものときから心配性で、「今のままの自分じゃあかん」という気持ちに突き動かされてきた。それは壁にぶつかったときだけではなく、うまくいっているときでもふと立ち止まり、同じように心配になるのだ。

心配心はマイナスなイメージを持たれているが、**僕は心配性だからこそ、ここまでやってこられたのだと思う**。

心配心は慢心が生まれるのを防いでくれる。**今の自分ではまだまだ足りない**。そんな焦《あせ》りが生まれて、「もっとカカオを勉強しよう」という課題が生まれたのだ。

そうやって自分で課題を見つけている間は、慢心などしていられない。僕は次のハードルを自分で設定して、つねにそれを超えるべく全力疾走しているのだ。

さらに、心配性のおかげで、**先手先手を打つ習慣**が身についた。

仕事の前にはいつも「失敗したらどうしよう」と心配になるので、失敗したときの対処法を二重三重に考えておく。だから失敗を最小限に抑えられる。

世の中には、ぶっつけ本番で勝負に出る人もいる。

しかし、準備が足りないアスリートが勝った例はないし、ビジネスマンも何の準備もせずに大事なプレゼンや商談に臨んでうまくいくことはないだろう。ぶっつけ本番がうまくいくのは、偶然にすぎない。

何かで成果を出したいなら、徹底的に準備しておけばいい。そして、**先手先手であらゆるリスクの対処法を考えておけば、失敗はたいてい防げる。**

つまり、失敗が多い人やなかなか成果を出せない人は、心配の仕方が足りないか、方法が間違っていると思うのだ。

本書では、「小山流正しい心配の仕方」をご紹介したい。僕がいつもやっている**先手の打ち方や、「前始末」の仕方**についてお話ししたいと思う。

これで、やり忘れやうっかりミスも防げるだろうし、段取りが予定どおりに進まず、時間が足りなくなることも少なくなるのではないかと思う。

何よりも大事なのは、**「心配し続ける」**こと。今日明日のためだけではない。ずっと準備をし続けることで、いつか迎える人生の本番でも本領を発揮できるのだ。

ところで、２０１３年、僕は思わぬ試練を迎えることになった。

今回は、その話からスタートしたいと思う。

「心配性」だから世界一になれた　目次

第2章

第3章

自分のテンションもどんどん上がる「前始末《まえしまつ》」の習慣

——「自分への報告書」で明日をワクワクして待つ

第4章

歩き方ひとつが「自分ブランド」

第5章 会議室からは生まれない
——「思いを伝えたい」「心を配る力」が人気商品を生む

第1章

世界一のショコラは、「心配」から生まれた

「心を配る」想像力が次の力に

2014年アワードの授賞式。4年連続最高位獲得に加え、3度目の最優秀賞を受賞

連覇ならず

２０１３年、10月末。

パリで毎年行なわれる、世界最大級のチョコレートの祭典、「サロン・デュ・ショコラSalon du Chocolat」の会場。

その片隅で、僕は一人、悔《くや》しさをかみしめていた。

この祭典では、フランスの最高権威であるショコラ愛好会「クラブ・デ・クロクール・ド・ショコラ　Club des Croqueurs de Chocolat（通称C.C.C.）」が、ベストショコラティエを発表することになっている。２０１３年までは、出品した作品が１～５タブレットの五段階で評価されていた。５タブレットが最高位だ。

僕は、２０１１年と２０１２年は５タブレットに加えて、サロン・デュ・ショコラ事務局とC.C.C.の合同審査によって選出される「外国人部門最優秀ショコラティエ賞」にも選ばれ、W受賞だと話題になったのだ。

ところが、２０１３年の表彰式のステージに、僕は上がれなかった。５タブレットの評価をいただいたものの、最優秀ショコラティエ賞には選ばれなかったのだ。

ちなみに、5タブレット+☆（外国人部門最優秀ショコラティエ賞）を獲得したのは、僕の盟友辻口博啓《つじぐちひろのぶ》氏だった。辻口氏はカカオニブ（カカオ豆をローストし、粉砕後、外皮や胚芽《はいが》を取り除いたもの）をカカオのうまみが舌により強く感じるように、さらに栄養素が身体に吸収されやすくなるようナノ化（微粒子化）した原料を使い、新しいショコラを生み出していた。

僕は悔しくて悔しくて、すぐにでも日本に飛んで帰って、来年の作品を考えたいぐらいだった。

表彰式は祭典の2日目に行なわれたので、残りの日程はそんな複雑な気持ちを抱えながら、店のブースに立っていた。すると、そんな僕の気持ちを知る由《よし》もなく、「5タブレット、おめでとうございます」と声をかけてくださるお客様もいるし、僕のスマホにはおめでとうメールが続々と届く。

スタッフは僕を励《はげ》まそうとして、「シェフ、250人出品して5タブレットに選ばれたのはたった20人ですから、大丈夫ですよ！」と明るく声をかけてくれる。

「もう、頼むから、みんなその話はせんといてくれ。そっとしとってくれ」

心の中では悔し涙を流しながら、笑顔で「そうやなあ」と答えるしかなかった。

誤解しないでほしいが、他の人が受賞したのが悔しいわけではない。他のショコラティエを凌駕《りょうが》するような作品を生み出せなかったこと、自分の発想がわかりやすく伝えられなかったことが悔やまれるのだ。

僕は過去に何度もコンクールに出品してきたが、いつも人との勝負ではなく、自分との勝負だと思ってきた。

「このくらいでいいや」と少しでも妥協してしまったら、負けだ。準備の段階でも本番でも120％の力を出しきって初めて、人に評価されるものなのだと思っている。

思えば、小学生のときから僕は自分と勝負してきた。

夏休みの自由研究で、時間をかけてロボットをつくり、大満足の出来になったことがある。自分の中では絶対の自信作で、「小山君、すごーい」とみんなが驚く映像が頭に浮かんでいた。

「早いとこ、先生やみんなに見せたい」と意気揚々と学校に持って行くと、自分よりはるかにすごいロボットをつくってきたクラスメイトがいたのだ。その瞬間、自分のロボットが急にみじめに思えてきて、持って帰りたくなった。

そして、「来年は、絶対一番すごい作品をつくろう」と、その日から1年後のリベンジを誓ったのだ。

2012年に出版した『丁寧を武器にする』(祥伝社)では、2011年のサロン・デュ・ショコラで発表されたC.C.C.の最高格付け「5タブレット」と「外国人部門最優秀ショコラティエ賞」をW受賞したときの華々しい話題から文章をスタートした。2年後の今、なぜ悔しい話題から入ったのか。

それは、この1年間は僕にとってリベンジの年であり、再スタートの年でもあったからだ。僕は今までの人生もずっと、そうやって悔しい気持ちと戦ってきた。そうすることでしか、僕は成長してここまでこられなかったとも思う。

負けるところから始まる勝負もある。そこで初めて、自分の真価が問われるのだ。

2013年の失敗から学んだこと

どんなに努力しても、報《むく》われないときもある。

そんなときは、皆さんはどうしているのだろうか。

「どうしてわかってくれないんだ」と世の中を恨《うら》むのか、「わかってもらえないなら、いいや」と投げやりになってしまうのか。

そんな気持ちも、僕の中にまったくないわけではない。けれども、その気持ちに押し流されてしまったら、それこそ今までの努力がムダになってしまう。頑張ってきた自分を、自分で否定してしまうようなものだろう。

だから、僕はそこで踏みとどまる。そこから先は苦しい作業になるが、自分の中の問題点を見つめ直し、徹底的に洗い出すのだ。


僕は、自分で言うのもなんだが、うぬぼれない性格である。

２０１１年と２０１２年で連続してＷ受賞しても、２０１３年もそれまでと同じように1年がかりで出品する作品の構想を練り、つくりあげた。1年目と2年目と同じぐらいに自信作であったのは間違いない。

それでももしかして、２０１３年はテーマの切り抜き方、つまり発想の着眼点がわかりにくかったのかもしれないと思い至った。

「日本人のものづくりの精神を持って行けば、世界では勝てる」と思っているその自信の中に、少し慢心が芽生えていたのかもしれない。さらに、心のどこかで「簡単やな」とチラリと思っている自分もいたのかもしれない。

やはり圧倒的ではなかったのだ。食べた人にとって圧倒的ではないと、コンクールでは選ばれない。そのためには誰が食べてもわかりやすい味にする必要もあるし、感動する要素も入れなければならないだろう。やりすぎ・進みすぎもいけない。

審査用のショコラは、最低４点。最多で5点まで出品可能という規定があった（２０１４年から4点）。その5点は、ビターチョコを使ったもの、ミルクチョコを使ったもの、ナッツを使ったもの（プラリネ）、オリジナルのショコラ2種類で構成しなければならない。

それらを分析すると、オリジナルショコラのひとつ「ミエル・トリュフ・ブランシュ」は、室温20℃でベストな状態だが、室温が25℃になると味のイメージが変わってしまう。トリュフの香り↓ハチミツの甘み↓もう一度トリュフの香り、最後にはカカオの余韻という流れが、食べる環境に大きく左右されるというのはやりすぎていたかもしれない。

さらに「フルーツ（酸）をあんまり使ってなかった」「発想がマニアックに走りすぎていたかも」という細かい反省点も見つかった。

また、僕は3年間ずっと、審査員が1点目から順番に食べていくことを想定して、「ここで味が強すぎると次のショコラの味がわからなくなるかもしれないから、優しい甘さにしよう」などと流れを考えていた。２０１２年のとき、もし審査員の方々が「NINJA 忍者」（桜の樹のチップを燻製《くんせい》してガナッシュに香りを移したショコラ）から食べたとしたら、ほかのショコラの味はよくわからなかっただろう。

その反省から、２０１４年はどのショコラから食べてもらってもそれぞれのよさがわかるような構成にすることにした。

悔しさの中から生み出したもの

そうやってあれこれ考えているうちに、２０１４年の僕自身のショコラのテーマが固まった。

今回のテーマは「SENSE センス」である。

僕は２０１４年で50歳になった。50年を締めくくる最後の１年間で感じた悔しさのなかで、見たもの感じたもの味わったもの、五感すべてで感じたものを表現しようと決めたのだ。それが自分の人生50年の集大成にもなる。

そうやって生み出された４点のショコラは、今までになく華やかになった。

１点目はビター。コロンビアのカカオ２種類を使い、２層にした。これは日本では通常のルートでは手に入らないカカオで、僕がコロンビアのカカオハンターの小方真弓《おがたまゆみ》さんに依頼して特別に調達したものだ。

下の層には、タンニンが利《き》いたボルドーのフルボディのワインのような酸味があるカカオを使い、クセのあるわがままな女性をイメージした。上の層には、その女性をおおらかに包み込むような男性をイメージして、こちらもまた違った種類の酸味を持つカカオを選んだ。

ビターなショコラの味わいとともに、口の中でふわっと酸味が広がる。誰にもマネできないボンボンショコラ（ガナッシュもしくはプラリネにコーティングを施《ほどこ》した一口サイズのチョコレート）を生み出したのだ。

2点目はフルーツを使ったショコラ。フルーツを使うショコラは、今回2種類。4点のうち2点もフルーツを使うのは初めてだ。C.C.C.のコンクールでは2011年（木《き》苺《いちご》）、2013年（焼きみかん）しか使ったことがない。

このショコラは情景から生まれた。僕は京都生まれなので、円山《まるやま》公園の満開の桜を子どものころから見て育った。満開の桜もきれいだけれども、風に乗って花びらが散りだして、葉桜になるちょっと前の赤い新芽が混じり出す時期の夜桜が、はかなげで美しい。そこに着物の女性がもの悲しげに佇《たたず》んでいる。そんな情緒的な絵が思い浮かび、それをショコラで表現することにした。

2014年C.C.C.コンクール提出作品。 サロン・デュ・ショコラのブースにはショコラのイメージを膨らませるこれらの写真も飾った

サロン・デュ・ショコラは世界の名だたるショコラティエが集まる祭典。エスコヤマのブースで、MOF（フランス国家最優秀職人賞）受賞パティシエ、ローラン・デュシェーヌ氏とお互いの新作を披露しあう

構成は、下は凛《りん》とした大人の女性をイメージしてマダガスカルのカカオと木苺、上は桜の葉の香りを移したミルクチョコレートの2層になっている。この桜の葉は熊本産の無農薬のものを使っている。天日干《てんぴぼ》しでゆっくりゆっくり乾燥させて、えぐみを抜いた桜の葉なのだ。それをお茶の葉に見立てて使った。

桜の葉は、日本人には桜餅でなじみ深い。このショコラを食べると、桜の葉のあのバニラにも似た甘い香りがふわっと鼻に抜ける。そして、木苺の酸味とやわらかなミルクチョコレートがハーモニーとなって、さわやかな余韻が残る。これは悔しくて悲しい想いをしたからこそ、生み出せた味なのかもしれない。

3点目は、「こがし醬油《しょうゆ》」というネーミングのショコラだ。

これは小山薫堂《こやまくんどう》さんにお願いして分けていただいた下鴨茶寮《しもがもさりょう》の「料亭の粉しょうゆ」を使っている。醬油をフリーズドライにして粉末にし、アクセントにゆずの皮と一味を加えたのが、「料亭の粉しょうゆ」である。その粉しょうゆをコーティングの下のガナッシュと表面にパラパラとかけた。

ベースのガナッシュには、みたらし団子《だんご》や焼きおにぎりのように、醬油を煮詰めた焦《こ》がし風味（メイラード反応）を利かせた。醤油を焦がしてその風味を味わうのは、日本独特の文化だと思う。エスコヤマに勤めているフランス人のパティシエとブーランジェ（パン職人）の二人に試食してもらったところ、意外にも二人とも「４つの中でこの『こがし醤油』がものすごく印象的」と同じ感想だった。

４点目は、抹茶&パッション（ヘーゼルナッツプラリネ）。４点の中で一番華やかなショコラになった。

この２つの組み合わせは、「僕がフランス人だったら抹茶をどう活かすか？」という妄想から生まれた。

僕はヘーゼルナッツのプラリネ（砂糖にナッツを加えてキャラメル状にしてから、ペーストにしたもの）に、完熟パッションフルーツのパウダーを入れた。油性のプラリネに水溶性のガナッシュを重ねることで、口どけに時間差が生まれることを計算した構成だ。口の中がひとつの小宇宙のように、広がりと奥行きを感じる深い味わい。

抹茶の苦味、ベースにしているホワイトチョコレートの甘味、パッションフルーツの酸味とヘーゼルナッツのうまみ。苦味と甘味と酸味とうまみの４つの要素がバランスよく重なると、おいしい料理になる。料理の一皿の味覚のデザインをひとつのショコラで表現したのだ。

この4点が完成したとき、僕は心から「よかった」と思った。

悔しい思いから感じ取ったすべての感覚や感性を凝縮した、50歳の小山進にふさわしいショコラができたのだ。

2011年初受賞で思ったのは「えらいことになってしまった」だった

普段の僕はよくしゃべる。

子どものころから、母親に「男のおしゃべりはみっともない」と叱られたけれども、こればかりは直しようがない。いつも伝えたいことが山ほどあるのだから。

講演会で大勢の人の前に立っても、伝えたいことはあとからあとから出てくるし、ノりも悪いほうではない。そんな僕の姿を見て、楽観的でよくよしない性格だと思っている人も多いだろう。

だけど、本当はその逆なのだ。僕は根っからの心配性である。

C.C.C.のコンクールに出すショコラも、パッケージのデザインといった評価の対象にならない面から、ショコラにつける説明書まで納得がいくまで何度も考え、つくり直す。それは「ショコラだけでは伝えきれないかも」「勘違いされて伝わってしまうかも」という心配があるからだ。加えて、ブラインドでの審査とはいえ、審査員の方々にも「これは真剣に審査しなくてはいけないぞ」と、背筋を伸ばしてしっかり審査していただきたいという姿勢の表われなのだ。

完成したショコラも航空便で送るのではなく、つねにベストな温度を保って届けるために、スタッフにフランスまで持って行ってもらう。

「そこまでしなくても」と思われるかもしれないが、それぐらい心配性なのである。

２０１１年、サロン・デュ・ショコラの会場で初めて「5タブレット＋☆」を受賞したとき、嬉《うれ》しい反面、「えらいことになってしまった」という想いがむくむくと頭をもたげた。単純に喜べなかったのだ。

何しろ、僕は世界レベルのチョコレートの舞台では新参者なのだ。本格的にチョコレートに向かい合ってつくるようになってから、10年も経ってない。けれども、ベストショコラティエに名を連ねるのは、何十年もショコラティエをやっているような、ベテランばかりである。

初めてのC.C.C.のコンクールでは、当時「今の自分の名刺代わりになるようなショコラをつくろう」という想いがあった。ショコラの本場、パリの第一線で活躍されているショコラティエ、ジャン＝ポール・エヴァン氏やファブリス・ジロット氏がもし僕のショコラを食べたら、「うん、いいんじゃないか」と認めてくれるレベルのものになれば上出来だ。

正直、「初めてだから、3タブレットとれたらええな」ぐらいにしか考えていなかったのである。

ところが予想以上の評価をいただき、「やばいな。このままやったらあかん。カカオを一から勉強しないと」という思いでいっぱいになった。

カカオのことについてはまだまだこれから勉強していかなければいけないことだらけ

だと思っていたのに、いきなりすごい賞をとってしまった。そんな恐れが芽生えたのは、やはり心配性だからだろう。

当時、ジャン＝ポール・エヴァン氏のショコラを食べると、カカオ感が強いと感じていた。対して、僕のは弱いという自覚はあった。

僕は大徳寺納豆《だいとくじなっとう》のショコラや、ウイスキーと木苺を合わせたり、アレンジするのは得意である。けれども、それだけでは全然及ばない。カカオをもっと勉強して、素晴らしいカカオを手に入れ、もっとカカオを活かしきった作品をつくりたいという想いがどんどん強くなっていった。まずはカカオを知ること、そして知った上で、京都生まれの日本人として、今まで経験してきたことを通して得たものを活かしきった、発想の切り抜き方が必要であることも感じていた。

以前にも、カカオの産地を訪ねたことはあった。だが、それは単なる自己満足にすぎなかった。

「カカオってフルーツなんや」というぐらいの気づきで満足していたのだ。

カカオは国によっても地域によっても品種によっても、発酵のさせ方や乾燥のさせ方、焙煎《ばいせん》の温度によっても味はまったく変わる。そしてこれが一番重要なのだが、生産者の方々の意識レベルの違いによっても大きく差が出る。当然、カカオによってマリアージュさせる最適な素材も変わってくる。たとえば、マダガスカル産のカカオには木苺などのベリー系がよく合うが、それ以外のフルーツを合わせてもピンとこない。

自分にはまだ見ぬカカオがあるはずだ。そこから僕はカカオと出会うために、世界中を旅するようになったのである。

エスコヤマのショコラは「心配」から生まれた

2003年の11月、兵庫県の三田市《さんだ》にてエスコヤマはオープンした。

オープン初日、僕の心に芽生えたのは「このままやったらあかん」という心配心だった。

店に閑古鳥《かんこどり》が鳴いてガラガラだったわけではない。その逆で、開店前から行列ができ、オープン2時間でショーケースの中は空っぽになってしまったのだ。並んでくださっていたお客様に「申し訳ございません。15時からまたオープンいたしますので」と

コロンビアでカカオの実を手にする著者。「今の自分では足りない」「もっとカカオを勉強したい」という焦りに突き動かされ、世界中を旅する

説明し、いったんお店を閉め、スタッフ総出で3時間製造するが（この時間でつくれる量も知れているのだが）、15時の開店から30分で商品がなくなる。休む間もなくケーキをつくっても間に合わない。最後は「売り切れです」と並んでいるお客様に頭を下げて、帰っていただくしかなかった。こんな状態が連日続いた。

今のエスコヤマはカフェやパン屋も敷地内にあるが、オープンのときはケーキを売る1軒しかなかった。半年後には、その中でパンやマカロンの販売をはじめたが、お客様に待っていただく場所がなく、従業員が休む場もなかったのだ。

そこで、オープン初日には隣接する土地を借り、2軒目のお店をつくることを決めた。お客様が並ばずに買えるようなお店をつくろうと、チョコレートの専門店をつくることにしたのだ。

僕は「スイス菓子ハイジ」という洋菓子メーカーでパティシエとしての修業を積んだ。ハイジの前田昌宏《まえだまさひろ》社長は大のチョコレート好きで、ハイジのスペシャリテには、「アルハンブラ」（じつに多くの洋菓子店が影響を受けた）や、「ハイジチョコ」（これが生チョコレートの元になった）という有名なお菓子もあったぐらいだ。いずれはチョコレートの専門店をつくりたいとよく話していらした。ベルギーのショコラティエ、ポールさんの店に、僕を何回も連れて行き、「こういうのやりたいねん」としきりに呟《つぶや》いていたのを覚えている。

僕もポールさんの店には魅了された。ひとつずつ手作業で美しく形作られたキラキラ輝くボンボンショコラが、ショーケースの中にずらりと並んでいるのだ。日本ではチョコレートはひと箱でセットになっているものを買うのが普通の感覚で、バラになっているのをひとつずつ選んで買っていくという概念がそのころはあまりなかった。

そんな店を日本でオープンしても、なかなか受け入れてもらえないのは予測できた。それでも、前田社長の念願を僕が叶《かな》えようという想いもあり、本店の裏の土地を借りて、2年後にショコラブティック「キャトリエンム ショコラ SHIN」をオープンした。

ショコラブティックのオープン初日の出来事は今でも忘れられない。

そのときは20種類ぐらいのボンボンショコラを開発した。どれも自信作だった。ボンボンショコラがショーケースに並んでいる様子を見て、お客様は「わあー」と驚かれるだろうなと思っていた。

ところが、一人目のお客様が入っていらして、ショーケースに並んでいるボンボンショコラを見て一言、「たっかー」と感想を漏らされたのだ。そして僕を見て、「チロルチョコ、なんぼやった？」と言い、何も買わずに店から出て行かれた。

そのとき、ボンボンショコラは1個210円という設定にしていた。

ボンボンショコラは1個つくるのにとにかく手間暇がかかる商品なのだ。

たとえば中身が2層になっているショコラは、1層目が固まってから2層目を上に流し、結晶を安定化させてからコーティングするので、出来上がるまでに5、6日かかる。その手間暇や材料の質を考えたら、210円は妥当だろう。

しかし、ボンボンショコラ自体、まだ日本では認知度が低かったのでそのような捉《とら》え方をされるのも無理はない。バレンタインでもない時期におしゃれなチョコレートを買うことも珍しかった。

覚悟はしていたが、まったく売れなかった。せっかくつくったボンボンショコラを溶かしてアイスクリームにしたり、「つくって数日経ったショコラはどんな味になるか」と研究するために、スタッフみんなで食べる日が続いた。

ボンボンショコラが売れるようになったのは、2011年のC.C.C.で5タブレット+☆を受賞して話題になってからである。ただし、そのときも受賞したセットのボンボンショコラはよく売れたけれども、単品のボンボンショコラはまだそれほど売れなかった。その翌年もC.C.C.で5タブレット＋☆を受賞してから、他のショコラの売り上げも上がったのだ。

その波に乗って、２０１３年に「キャトリエンム ショコラ SHIN」は「Rozilla（ロジラ）」という店にリニューアルし、規模を大きくした。そこにたどり着くまで8年。新しい概念が定着するまでには、時間がかかるのだ。

利益が出なくても、ショコラの店を辞めようとは一度も考えなかった。ボンボンショコラのアイテム数を減らそうとも思わなかった。

「売れないからもっと数を絞ろう」と思った時点で、弱気な自分に負けたようなものだ。売れないからと商品の数を絞ると店全体がさびしくなり、ますます売れなくなるという悪循環の例を、僕はさんざん見てきた。

この店は元々、エスコヤマで長時間待ってくださっているお客様のために心配してつくったもので、採算性に重きを置いていない。だから続けられたのだとも思う。

「このままではあかん」が次のステージへの原動力になる

日本でのサロン・デュ・ショコラは2003年から始まった。新宿や京都のほか、大阪や福岡などでも開かれているが、総本山となるのは新宿の伊勢丹《いせたん》。ここで開かれるサロン・デュ・ショコラはジャン＝ポール・エヴァン氏のような世界のトップクラスのショコラティエや、日本でも有名なパティシエが集結する。ちなみに、日本ではバレンタインの時期に合わせて開かれる。

僕が最初に声を掛けられたのは、2005年頃、京都のサロン・デュ・ショコラだった。「いつか出られたらええな」と思っていた僕は、念願が叶って嬉しかった。

ただ、このときはボンボンショコラが評価されたというわけではなかった。小山ロール（エスコヤマの顔であるロールケーキ）のチョコレート版「小山ロール　マイルドショコラ」や、チョコレートのバウムクーヘンをつくって売ってほしいと頼まれたのだ。

そのころはカカオについてある程度知識はあったけれど、まだまだ「知っている」とは言えないレベルだった。

京都で大勢のお客様にお越しいただき、大変好評だったので、２００９年には新宿の伊勢丹に出品することになる。それも手放しでは喜べなかった。やはり、小山ロールを販売してほしいという要望だったのだ。

ブースにはチョコレートのバウムクーヘンや「奏《そう》」というチョコレートのケーキと一緒に、ボンボンショコラも並べた。それでも、売れるのはボンボンショコラ以外のお菓子なのだ。

世界中の有名なショコラティエのブースはどこも人気で、ボンボンショコラが飛ぶように売れている。ほかのパティシエからは、「なんでロールケーキのお店がサロン・デュ・ショコラに出ているのか」と不思議がられたりもした。

小山ロールは整理券を配布するもすぐになくなり、伊勢丹さんにも喜んでいただけた。だが、僕は内心焦りを感じていた。

ショコラの祭典でボンボンショコラではなく、ケーキで評価されていることに対し、「このままではあかん」と心配性が頭をもたげたのだ。

ボンボンショコラをつくるからには、世界のショコラティエからも評価されたい。中途半端は嫌だ。そんな想いが後から後から湧き出て、「カカオをもっと勉強せなあかん」と痛烈に感じたのだ。

そして、本場パリのサロン・デュ・ショコラに出展したいという目標が生まれた。

「こんなんじゃあかん」「まだまだ足りない」――そんな心配や不安が、いつも僕を次のステージへと突き動かしてくれる。

人は現状に満足してしまったら、そこで成長が止まってしまう。

世界的な歌手のマイケル・ジャクソンはロンドンのコンサートの前に、100時間以上もかけてリハーサルしていた。10年ぶりのライブとはいえ、そこまで時間をかけるアーティストはなかなかいないだろう。そのリハーサルの様子は「THIS IS IT」というドキュメンタリー映画になっている。

彼はダンスやバンドの演奏、照明や衣裳など、すべてを完璧《かんぺき》にしようと一切妥協しない。声を荒らげてスタッフを叱ることはないが、簡単にOKを出したりしないのだ。どんなに練習しても、「まだまだ足りない」と感じていたのかもしれない。そして、リハーサルが終了して数日後にこの世を去っている。

経営の神様・松下幸之助《まつしたこうのすけ》氏も豪快なイメージがあるけれども、かなり心配性だったともいわれている。

つねに「明日、会社が倒産したらどうしよう」と心配し、不眠症になったという。「一番心配するのが社長の仕事だ」と言い、リーダーは悩まなくてはいけないとも説いている。

心配性は世の中の成功者に共通している性分なのかもしれない。心配するから先手先手で手を打ったり、完璧な準備を心がけようという気持ちになれるのではないだろうか。

僕はまだまだ成功しているとはいえないが、心配性という性分ではある。

そして、その気持ちがさらなるステージへと自分を押し上げてくれるのだ。

おかんと京都とランドセルの記憶

思い返せば、僕は子どものころから心配性だった。

僕は京都生まれで、今でも鮮明に思い出すのは、学校帰りの光景だ。夕焼けが空に広がると、「暗くなってしまうと、堀川《ほりかわ》五条の歩道橋を渡れなくなるんやないか」と急に不安になる。

さらに、「急いで帰らんかったら、おかんに何かあるんちゃうか」と、どんどん心配になっていく。悪い想像が膨《ふく》らんでいき、たまらずに泣きながら駆けて帰ったことは数えきれない。背中ではランドセルがカタカタと音を立てていた。

そして家に着くと、「どうしたん?」と母が驚いた顔をして出迎えてくれる。そこでようやく安心するのだ。

毎日、夜眠る前にランドセルの中身を何回も何回も出し入れして、「明日の授業の教科書とノート、ちゃんと揃《そろ》ってるな」と確認しないと眠れなかった。

僕は根っからの心配性だったのだ。

前著でも紹介したが、僕の父は卸売専門の和菓子屋の洋菓子部門で働くケーキ職人だった。

だから母は幼い僕に向かって、「ケーキ屋にだけはなったらあかん。一生懸命勉強して、偉い人になって」と言い聞かせていた。僕も母の期待に応えようと、高校に入るまではバレーボール部での活動も勉強も懸命に取り組んだ。どれだけ勉強をしても、「まだまだ足りない」と心配していたぐらいだ。

けれども、高校に入るころには限界が来ていた。

そこで、僕は母親に「これからは自分の好きなようにさせてほしい」と自分の想いを伝えた。母はショックだったかもしれないが、高校入学を機に僕は勉強中心だった生活から抜け出した。それでも心配性はそう簡単には治らなかった。高校生活の中でバンドをはじめ、それでようやくバランスのいい心配性になれたのだと思う。

さらに、父の職場でアルバイトをしてケーキ職人の仕事に触れ、結局高校を卒業するころにはケーキ職人の道を歩むと決めてしまった。当時、母からは猛反対された。

時は流れて、自分で店を持つようになり、僕はあのころの母の心配する気持ちがよくわかるようになった。

「そっちの道に行ったらあかんやろ」と思って忠告しても、人はなかなか耳を傾けないし、自分の行動を改められないものだ。

それでも僕は、諦めずにスタッフに伝え続けている。あのころ母が毎日僕を心配してくれていたように、相手を心配し続けることでしか、結局のところ人の心は動かせないと思うのだ。

僕は自分でも「究極のおせっかい焼き」だと思っている。

つねに考えているのは、自分と商品の寿命

僕は小学校3年生に上がる春休みに転校を経験している。

それまでの学校ではとくに目立った存在でもなく、普通の生徒の一人だった。

ところが、転校生はそれだけで特別な存在だ。クラスメイトの注目を一身に集め、「前の学校ではどうだった？」とみんなが僕の周りに集まってくる。僕自身は何も変わってないのに、急に人気者になった気分だった。

小さくて頭が大きかったのか、「もやし」「大豆」とあだ名をつけられた。前の学校では「小山君」「進君」と普通に呼ばれていたので、そんなあだ名をつけられたのも新鮮だった。

僕は、みんなから注目され、「いやいや、僕はそんなんじゃないのに、えらいことになってしまった！」と戸惑いながらも、「でも、こんな感じは嫌いじゃないな」とも

思った。

けれども、しばらく経つと僕の中で心配心がムクムクと膨らみはじめた。「こんな人気がいつまでも続くわけない。一学期間しか持たないんやないか」と、子ども心に思ったのだ。

ずっと人気が続くにはどうすればいいのか。

それには頑張るしかない。それから僕は授業中に頑張って手を挙げ、クラスで何かの係を決めるときは立候補した。人気者でいたいという不純な動機ではあったけれど、結果的にいい成績もとれ、周りからも認められるようになった。


この「**未来を考える心配性**」は今でも続いている。

エスコヤマの商品を考えるとき、僕は寿命を考えて決めるようにしている。

たとえばエスコヤマの看板商品である小山ロール。おかげさまで、開店以来11年間一番の人気商品である。小山ロールは、この先もずっとエスコヤマの看板商品でなくてはならない。

けれども、売れるものはいつか売れなくなる可能性もある。どうすればずっと小山ロールが人気商品でいられるのか、その答えはシンプルで**「味を変えない」**という一点だった。そして**その商品をつねに進化させる。**それはレシピを変えるということではなく、レシピのポテンシャルを最大限に引き出す努力を怠《おこた》らない、ということだ。

「味を変えない」とはプレーンしかつくらないという意味である。

バレンタインの時期だけ「小山ロール　マイルドショコラ」を期間限定で発売するが、それ以外はずっとプレーンのみ。イチゴ味や抹茶味もつくってほしいと多くの人から言われてきたが、今までの世の中の失敗例に学んで、これまでもこれからもつくるつもりはない。

なぜなら、味を増やしてしまったら途端に飽きられてしまうからだ。

世の中のブームになっているものが一過性で終わるのは、味の種類を増やしたり、店舗を急拡大させた場合が多い。味の種類を増やしたら、短期間で「あれもこれも」とみな集中して食べるだろう。そして一通り食べると満足してしまうのだ。

小山ロールを毎日食べるお客様はおそらくいらっしゃらないだろう。数カ月に一度食べて、「やっぱりおいしいなあ」「また食べたい」と思ってくださるお客様が大勢おられれば、ずっと人気商品でいられる。小山ロールはそういう立ち位置がいいのだ。

とらやには江戸時代からずっとつくり続けている羊羹《ようかん》があるし、羽二重団子《はぶたえだんご》もずっと2種類の団子しかつくっていない。老舗のお菓子店は、主力のバリエーションは増やさず、つねに隠れた進歩を続けているから、ずっと食べ継がれているのだ。

僕も主力の小山ロールのバリエーションは増やさないで隠れた進化をさせていく。その代わり、小山ロール以外の商品の味のバリエーションは変えていくことにした。

小山ロールは店でしか買えないので、地方発送できる商品として、「小山ぷりん」をオープンして半年後に発売した。

じつは、小山ぷりんは「2年だけ持てばええな」と思っていた。

小山ロールを永遠のものにするために、組織にたとえると課長クラスの商品をつくらなくては、と思って考えた商品なのだ（小山ロールとバウムクーヘンは部長）。小山ぷりんはプレーンのほかに、苺の季節には近隣の生産者の方が朝摘みしてくださった苺を使った苺味、夏はマンゴー、冬はショコラと季節ごとにバリエーションを持たせている。

本当はバリエーションを増やしすぎると長くは持たないとわかっているが、それによって小山ロールはプレーンしかつくらないことが際立つのだ。

小山ぷりんも発売したときからヒット商品になった。それを延命させるためには、他の商品を考えなくてはならない。

そうして生まれたのが小さなクリーム色のチーズケーキ「小山チーズ」である。小山チーズは、いわば課長クラスの商品。普段は小山ぷりんを食べているお客様が、たまにまったく性質の異なる小山チーズを食べることで新鮮な気分を味わっていただくために投入したのだ。

小山チーズ発売後、ある出来事があった。一時小山ロールの売り上げが半減したのだ。小山チーズは小山ロールと同じ値段にしたのだが、そのことを気にしたスタッフからは「シェフ、チーズは出さないほうがよかったのでは？」と心配の声もあった。でも僕はこれは初めだけだとわかっていた。

なぜなら、まったく性質が違うお菓子だからだ。

1日しか持たない小山ロールは、それが弱点でもあり付加価値でもある。同じ生ケーキでそれを補える商品としても小山チーズを投入した。だから、発売直後小山ロールの売り上げが半減するほど、その味を広く知っていただけたことはとても嬉しい。しか

商品組織図（エスコヤマとロジラ）

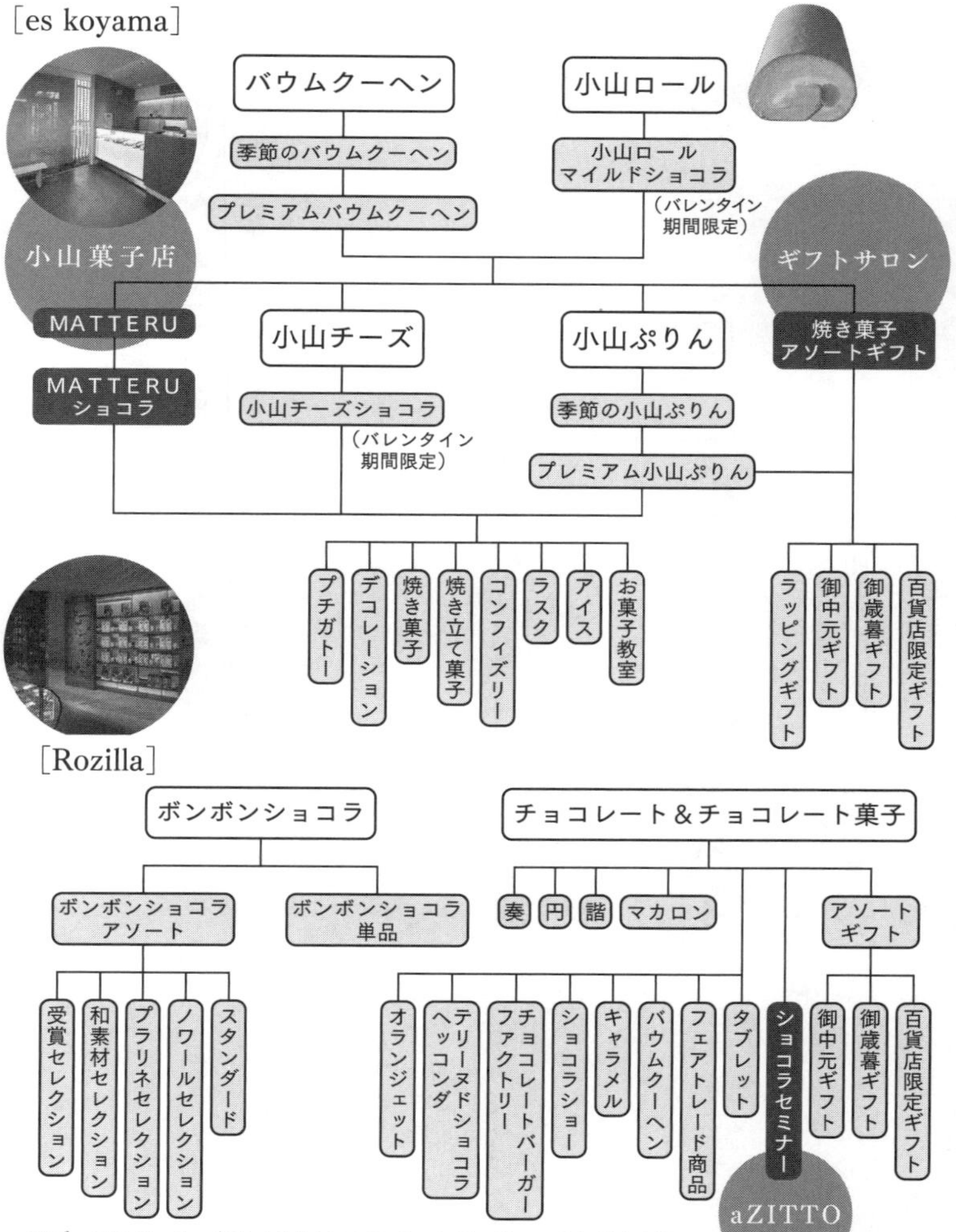

※ブーランジュリー（パン屋）とマカロン＆コンフィチュールに関しては今回は載せていない

し、2つの商品は日持ちも味わいもまったく違うのだから、お客様は小山ロールに戻ってきてくださると、確信していたのだ。

小山ロールをお客様が召し上がるのが数カ月に1回とすると、あとの力のある課長クラスを充実させることにより、来店いただく動機は強くなる。

さらに、商品だけでなく、庭の木々やスタッフの成長なども大切なファクターとなる。このような感じで、商品を延命させるためにはどうすればいいのかをつねに考えている。

僕の癖は、寿命を決めてそれをどんどん延命させるアイデアが浮かんでくること。やはり自分の考えたお菓子は僕にとっては子どものようなものなのだ。

「心配」とは、「心を配る」想像力

2013年12月、エスコヤマの敷地内に、新しい店が誕生した。

その名は「未来製作所《みらいせいさくしょ》」。入店できるのは小学校6年生以下の子どもだけ。入り口に

駄菓子屋精神を受け継いでつくった「未来製作所」。ここで子どもの伝える力を育てたいのだ

は、「大人進入禁止」と表示板が掛けてある。

卵形のドームの突き当たりにある入り口の扉は高さ105センチ、幅60センチの大きさだ。つくった僕でもそこからは入れない。『不思議の国のアリス』に出てくる世界のようだ。

店内の装飾は、白が基調のメタリックな感じで、まるで近未来のお菓子屋さんのイメージ。新しいお菓子を生み出す実験室のようで、スタッフが目の前でせっせとお菓子をつくっている。

店に入ってきた子どもたちは、目を丸くして店内をキョロキョロ見渡す子もいれば、お菓子を焼いているプレートの前に突進する子もいる。年齢の違い、背丈の違いで、店内で見つけられるものも違ってくる。仮に大人が来ても楽しめる空間だ。ここで売っているお菓子は5種類だけ。1個160円だ。

お菓子を買うとルーレットができて、当たるとシールをもらえる。

焼きたてのお菓子をその場でほおばる子もいれば、外で待っている親御さんのところに嬉しそうに持って行く子もいる。なかには1時間ぐらい店内でスタッフに話しかけたり、お菓子をつくる様子をじーっと見ている子もいる。

未来製作所は、駄菓子屋精神を受け継いでつくった店だ。

僕の子どものころは、学校の近くに駄菓子屋があった。皆さんも、小銭を握りしめて買いに行った記憶がある人も多いだろう。僕も家に帰ると、ランドセルを置くなり小遣いを握りしめて、駄菓子屋に直行した。

ただし、そんな郷愁に浸《ひた》りたくてつくったのではない。僕が未来製作所をつくりたいと思ったのは、子どもたちや親御さんの未来を「心配した」からなのだ。

以前、ある地域の会合に招かれてお子様向けのお菓子教室を開いたときのことだ。

みんなでワイワイとお菓子をつくって食べた後、一人の女の子が代表して僕にお礼の言葉を述べてくれることになった。

「小山さん、今日はみんなにお菓子を教えてくれてありがとうございます」と女の子は手紙を一生懸命読み上げてくれた。けれども、そこにはお菓子教室で楽しかったことや、つくったお菓子の感想は一言も書いてなかったのだ。

僕が「この手紙、いつ考えたの？」と尋ねると、女の子は「３日前です」と答えた。

そこで、「どんなことでもいいから、今日おっちゃんにケーキ教えてもらって、一緒につくって、何が楽しかったか言うてみて」と言った。

女の子はおそらく、人前で自分の想いを話すのが苦手だったのだろう。顔を真っ赤にして、「うーん」と考え込んでしまった。

するとその様子を見ていたある親御さんが大きな声で、「他に感想を言える人！」と別の子に話をさせようとしたのだ。

僕は思わず、「この子は今一生懸命考えようとしているのに、別の子に振って飛ばしてしまったら、ずっと表現するのが苦手な子になりますよ」と言ってしまった。

これは子どもに限った話ではない。エスコヤマの若いスタッフにも、自分の考えを自分の言葉で述べるのが苦手な子が多いのだ。これは、伝えることに重きを置く教育がなされていないからだ。

だから僕は伝えることに時間をかける。

そして伝える力が弱いと、正しく理解する力も想像力も弱くなる。

「こんなのをつくりたい！」という想像力の根っこにあるのは、外に向かって発信したいという伝える気持ちなのだ。お客様の立場になって考えるのにも、想像力は不可欠だ。それがないと、目の前で困っているお客様がおられても、気づかずに通り過ぎてしまう。

若いスタッフのそういう姿を見て、「これは、子どものころに周りの大人とちゃんとコミュニケーションをとらなかったんだろうな」と僕は感じていた。

昔は地域全体で子どもを気にかけてくれていたので、街を歩くと「進ちゃん、元気か？」と近所の大人に声を掛けられた。駄菓子屋では、おばちゃん相手に「あんな、おばちゃん、今日学校でな」とさかんに話しかけたものだ。そして大人たちは、子どもの「見て見て、聞いて！」に「なになに、どうしたん」と耳を傾けてくれていた。

そういう場が今はほとんどない。大型商業施設内の駄菓子屋さんとは違う、学校の近くのちょっと怖そうなおばちゃんが座っている駄菓子屋さんもほとんど見かけなくなった。大人と子どもの接点が少なすぎるのだ。家庭でも、どれだけ親子で会話を交わしているのだろう。今の子どもは塾や習い事に通うので忙しいし、家でも部屋に閉じこもってゲームをしていたりする。

だから、未来製作所をつくりたかったのだ。

未来製作所で大人のスタッフと話をするのもいい体験になるし、そこで見たもの・聞いたことを自分の親に「見て見て、聞いて！」と伝えるのも大切なひとときだ。ここで大切なのは、「大人が入れない」こと。大人に中の様子を「知りたい！」と思わせることだ。

親御さんには、子どもの「見て見て、聞いて！」をきちんと受け止めてほしい。そうやって子どもの伝える力は伸ばすものだと思うし、クリエイティブの力は養われていくものなのだ。

さて、先ほどのお菓子教室の女の子だが、僕の問いかけのあと、一生懸命考えて「マジパンが楽しかった」と発表してくれた。頑張って伝えようとするその姿に会場から拍手が起こった。伝える力はこうやって伸びていくのだと思う。

心配性は、ネガティブなイメージがある。

いつも小さなことでクヨクヨ悩み、「こんなことしたら何が起きるんだろう」と最悪な想像をして、自分にブレーキをかけるという印象があるだろう。

しかし、心配性は行動をするという前提で、**「完璧にするためにどう準備するか」「トラブルを回避するためにどんな対策をとれるか」**を考えているのだ。

行動に結びつけるための、むしろポジティブな考え方なのである。

僕は心配性だからこそ丁寧《ていねい》に仕事をするのだし、アイデアも生まれるのだと思う。

「あれもあかん、これもあかん」とひとつひとつできないことを潰《つぶ》していく感じではない。

「こうやったらええんやないか」「あれもできるんやないか」とできることを探していくのだ。

心配とは**「心を配る」**と書く。お客様に心を配り、スタッフに心を配り、さらに日本の未来に心を配る。そうやって想像力をフル回転させて、みんなが幸せになれるような方向に導いていくのが、心配性の力なのだと思っている。

第2章
今に集中するための「安心して忘れる」仕組み

この習慣で「時間がない」「やり忘れ」「先送り」が変わる

必要なことを解決していく過程で生まれたエスコヤマのブランド。これも「今に集中」する「フォルダ分け」のひとつ

「時間がない」を解決するフォルダ分けの習慣

経営者の仕事は多岐《たき》にわたる。僕の場合、お菓子づくり以外にも、販売のこと、パッケージデザインのこと、広報やホームページのこと、外部での講演会や講習会、食に関するイベントへの参加、スタッフの教育や人事のこと、経営に関する数字にまつわることなど、さまざまな業務に日々目を配らなくてはならない。加えて、ここ数年は未来のエスコヤマへの投資として、海外にカカオを探す旅に出かけたり、海外のコンクールに新作を発表することなども、年間の大切な取り組みとして積極的に行なっている。

こういう姿を見て、よく「シェフは大変ですね」「忙しくて、時間が足りないでしょう」と言われる。

だが、僕はちっともそんなふうには思っていない。毎日ワクワクしながら、楽しく過ごしているのだ。

皆さんも、仕事やプライベートでかなりの案件を抱えているのではないかと思う。すべてをつねに気にかけていては、いくら時間があっても足りないだろう。

「時間がなくて、やりたいことができない」「忙しくて手が回らない」という人は多い。仕事の漏れや抜けが出てしまう人もいるかもしれない。

僕がそれを防げているのは、**フォルダ分け**をしているからだ。

新しい仕事が入ってきたときに、すぐにその内容を見極め、フォルダ分けをする。これを徹底すれば、時間が足りなくなることも、やり忘れることもなくなるのだ。

仕事を忘れないために、手帳やノートに書き出したり、メモに書いて貼っておく人もいるだろう。それだけでは、足りない。

広報担当のＩ君も、そういうやり方をしている。

けれども、「あの件どうなった？」と尋ねると、「えー、それはですね」とノートを見直して、「あっ、忘れてました」などと答えるのだ。

これではまったく整理できていない。仕事量が多いと、書き出すだけでは見落としてしまう仕事が出てきてしまうのだ。さらに、どこに書いたかを忘れてしまっているのでそれを探すムダが生じるのである。

超急ぎの仕事、シェフから依頼された仕事、雑誌の仕事、テレビの仕事、社内告知などの大きなフォルダをつくり、仕事が入ってきたらまずは考え、どんどんそこに振り分けていけばいい。そして、仕事が終わったら消していく。それを毎日更新していれば、見落としや抜けがなくなるはずなのだ。

僕は二十代のころ、「えっとえっと、何やったっけ」と自分がやるべき仕事を忘れてしまい、思い出そうとすることが何度もあった。その時間は一番ムダで、もったいない。1日は24時間と決まっているし、1分たりともムダにはできない。

そこで、仕事のフォルダ分けをするようになった。

当時はまだスマートフォンはないし、パソコンも一般には普及していなかったから、システム手帳のチェックリストのリフィルを使って、管理していた。

このとき、ページごとに急ぎの仕事、社長に頼まれたこと、他の上司に頼まれたこと、新商品のアイデア、コンクールのアイデア、部下のことなど、仕事の内容を分けていった。

この方法は、仕事が入ってくるたびにまず「これはこの業務だな」と考えて分けるのが有効だった。分けないと、仕事が入ってきた順に書いていくので、優先順位がわかりづらくなってしまう。

そして、仕事が終わったら四角の欄にチェックしていく。

これが、僕のフォルダ分けの習慣のスタートだった。

今はスマホでフォルダ分けしている。こうすれば時間が足りなくなったり、仕事を忘れることはなくなるのだ。

フォルダの分け方は、人それぞれになると思う。**フォルダ分けのセンスが今の自身のレベルだ。**僕も二十代のころの分け方と、今の分け方は全然違う。その人の仕事の内容や立場によって必要なフォルダは異なるし、フォルダが多くなればなるほど、新しい責任も生まれる。

また、フォルダの数も人それぞれだ。役割が増えればフォルダの数は増えるだろうし、イベントやトラブルなどで、そのときだけのフォルダをつくってもいい。

僕の場合、たとえば急ぎで新作メニューを考案しなければならないときは「急ぎの仕事」と「新作メニュー」の両フォルダに案件を入れることもある。

大事なのは、**フォルダ分けは仕事が入ったらすぐにやることだ。**

「後で仕分けしよう」「どこに入れるか考えてからにしよう」とフォルダ分けを後回しにすると、そこでその仕事の存在を忘れてしまう可能性もある。

仕事は、新鮮で熱いうちに仕分けすること。

そして、仕分けした仕事は、やはり熱いうちにどんどん済ませて項目を減らしていくのが一番だ。

仕事には期限がある

ある雑誌に、エスコヤマの店づくりが何ページにもわたって取り上げられることになった。僕としては、早めにその告知をして、一人でも多くの人に発売日にチェックしてほしい。

店のHPやフェイスブックの告知は、広報のI君が担当することになっていた。彼には、お菓子も新作が実際に店頭で販売される1カ月前には告知してほしいとつねづね言っている。そこで、僕はいつもどおり早い段階で、「こんな文章で告知してほしい」

と伝えて、Ｉ君の作成した文章をチェックもした。

ところが、なかなか店のＨＰのトピックスやフェイスブックにあげてくれない。

「どうしてあげないんや？」と尋ねると、「発売日までまだ間がありますから」との答え。このように仕事を先送りしては忘れてしまうかもしれない。

本人としては、雑誌がまだ発売されていないのに告知すると、出版社から何か言われるのではないか、と気になったらしい。しかし、雑誌が次号の予告をはじめた時点で告知をするなら、フライングにはならないだろう。発売してから告知をするのでは遅すぎる。

先手先手の仕事には勢いがある。もしそのタイミングでは問題があったとしても、先方に「申し訳ありません」と事情を説明して謝ると、わかっていただける場合が多い。

僕はどんどん仕事が減っていくことに快感を抱くので、先送りより前倒しが大好きだ。たとえ先走ってしまったとしても、遅れたり忘れるよりずっといいだろう。

フォルダ分けした仕事をそのまま保留にしていては、いつまで経っても仕事は減らない。**分けたらどんどん減らしていく、仕事を片付けるのはノリが大事なのだ。**

また、フォルダをつくるのは、日常の業務だけではない。チームづくりや役割分担もフォルダ分けは役立つ。

たとえば、最初は資材、製造、在庫の管理を一人でやっていたとする。規模が小さいうちは、それでもやっていけるだろう。

しかし、だんだんと事業が成長していくと、そうはいかなくなる。そういうときに工程ごとに担当者を分け、フォルダをつくるのだ。そして各担当に「これ、覚えておいて」「この件、頼んだよ」という具合に、仕事の内容を振り分けていく。

組織やチームがうまく動かないのは、担当のフォルダ分けがうまくできていないか、仕事の仕分けが滞《とどこお》っているかのどちらかだと思う。日常の仕事のフォルダ分けと同様に、仕事に合わせて担当を分け、仕事の仕分けをすぐにしていけば、うまく回っていくものなのだ。それができるようになれば、経営者の立場になったときも、どんな部署が必要なのかを考え、業務を振り分け、組織を束《たば》ねられるようになる。

今の僕のフォルダは物づくりや発想についての項目が中心だが、それに集中できるのもフォルダ分けのおかげだ。たとえば、管理や広報などエスコヤマ立ち上げ当初はすべて自分でやっていたが、今は部署のスタッフが正確にやってくれる。

仕事はすぐにフォルダに分ける

仕事の項目を立てる

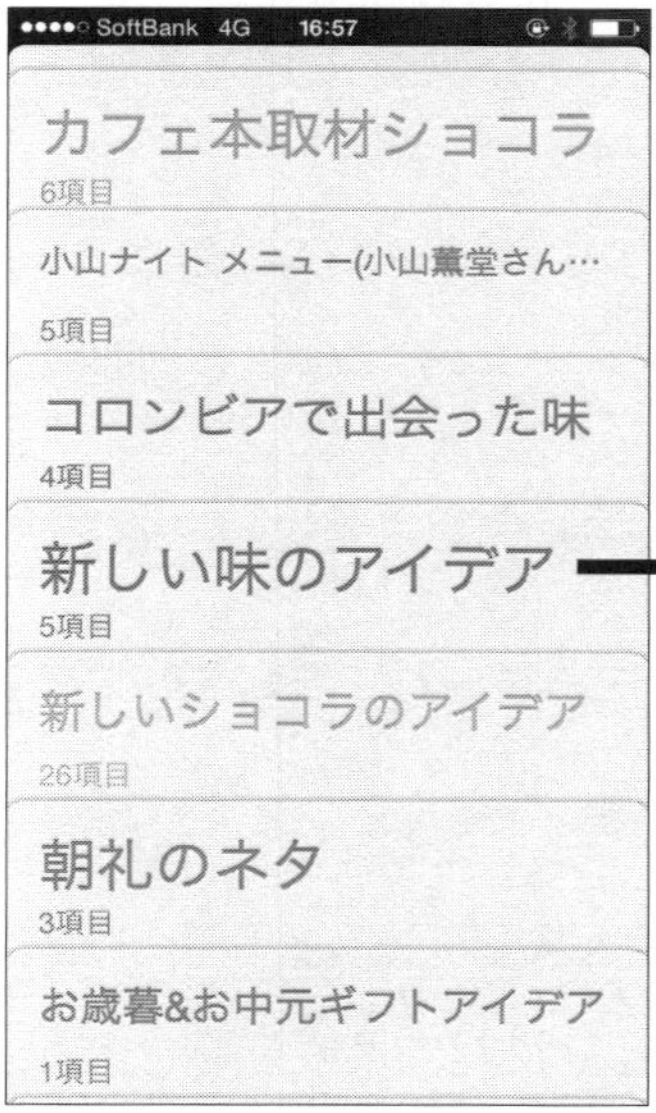

アイデアややることは項目
ごとにすぐに振り分ける

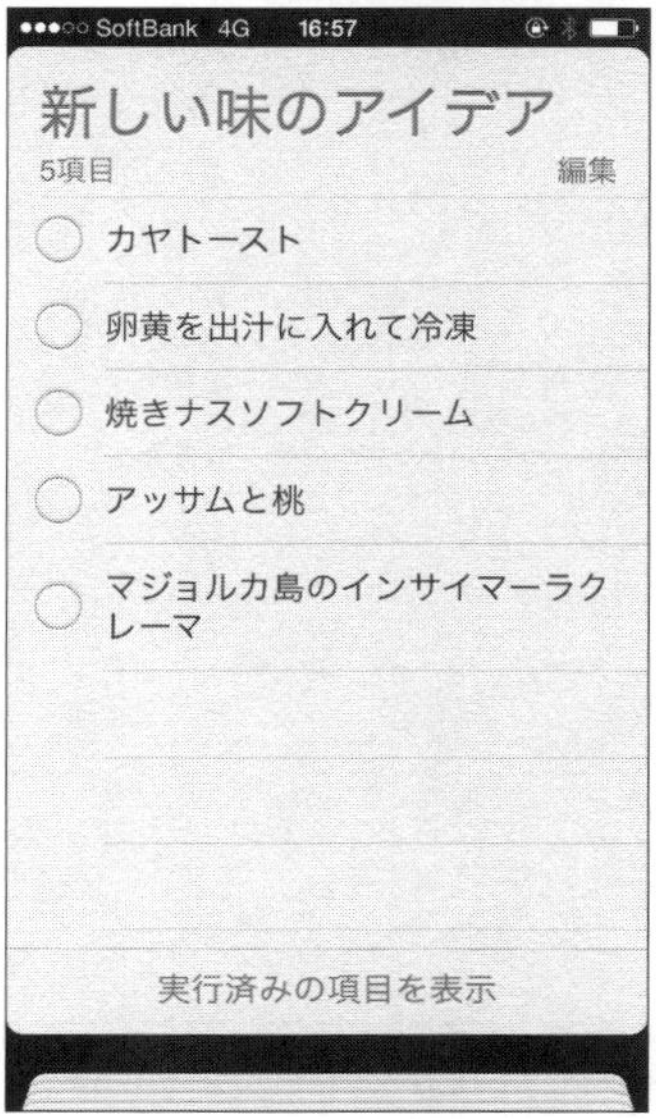

小山進のスマホのフォルダ。今は物づくりや発想の項目が多いが、
そこに集中できるのもフォルダ分けのおかげだ

仕事に追われて時間が足りなくなるのは、ミスでやり直しが発生したり、忘れていた仕事に気づいて慌《あわ》てて対応したりするからだ。順調に進んでいればたいした時間がかからなかったことに、余計な時間を割《さ》かなくてはならなくなる。

仕事のフォルダ分けができていれば、そのようなバタバタもなくなる。

「時間がなくて、やりたいことができない」などということもなくなるのだ。

フォルダ分けが絶対の方法ではないが、ミスや漏れを防ぐには、つねに何が終わり、何が終わっていないのかを確認できる仕組みをつくることだ。

60点でいいからすぐに動かす

僕はいつも、「100点満点じゃなくていい。まずは60点でいいから、すぐ動こうよ」とスタッフたちに言う。

誤解をしないでほしいのだが、仕事の精度が60点でいいと言っているわけではない。

自分だけで抱え込むより、とにかく形にしてみて、周りの意見やアドバイスを受けながら調整するほうが確実にいいものをつくれるのだ。

小学校のころから、課題が出されたときに、「絶対に100点を取ろう」と意気込んで取り組むクラスメイトは大勢いた。

しかし、そういうクラスメイトは作品の提出が遅れたり、先生が満足するようなクオリティに仕上がっていないことが多かった。彼らは、「ちゃんと仕上げてから見せないと」と思っているのだろうが、それが裏目に出てしまっているのだ。

一方で僕は、まずはさっとつくって、とりあえず先生に見せていた。

すると、「ここは、こうじゃないんだ」「これは、こうしてほしいんだ。もう一度教えるからね」と、先生のアドバイスを聞ける。それを踏まえながらつくっていけば、100点満点のクオリティのものをつくることができるのだ。

自分の力で何とか100点に近づけようとするより、人の力を借りたほうが早く確実に100点に近づける。ゴールへの最短距離だと言えるだろう。

これは、どんな仕事にも共通して言えることだと思う。

たとえば、上司から資料の作成を頼まれたとする。そういうときは、まずはざっくりと全体をつくってみて、「このような資料でよろしいでしょうか？」と、できるだけ早めに上司に見せてみればいいだろう。自分の理解している方向性や内容が間違っていれば、その時点で指摘してもらえる。

すべてが出来上がってから「やり直し」となるより、第一段階でやり直しになるほうが、ずっと楽だ。

100点でないといけないと思っている人は、意外と本筋ではないところに時間をかけている場合も多い。

プレゼンの資料をつくるのなら、パワーポイントでやたらと凝ったデザインにして見栄えにこだわる人もいるだろう。たしかにデザインも大切だし、デザインから取り掛かるほうが自分のテンションが上がるならそれでもいいが、ざっくりアウトラインから考えたほうがプレゼンの方向性を固められる。そもそも内容がよくなければ、どんな資料をつくっても提案は採用されないだろう。

僕も部下に仕事を頼んだとき、なかなか仕上げてもらえないケースもよくある。どうなっているのかを確認すると、「そんなところでひっかかってるのか」という例が、しばしばあるのだ。

若いころは、「人に見せる前に、完璧にしないと」「やりかけで見せてはいけない」と思ってしまうかもしれない。

だが、そうやって自分だけで抱え込んでいては、いつまでも仕事は進まないし、１００点にも近づけないだろう。自分勝手な自己満足ではなく、相手が大切であり、期限も大切。そのためには、未完成であっても要所要所で相手に確認しながら、進めていくのがベストなのだ。

目の前の仕事に集中する習慣

仕事が増え、忙しくなればなるほど、忘れることが多くなる。

とはいえ、すべてを忘れないようにと、そればかりに気をとられていると、仕事に対する集中力が散漫になる。実際、このような相談を受けることもある。

僕には、仕事への集中力を高めるために心がけていることがある。ひとつは、先にお話ししたフォルダ分けだ。もうひとつは、人に任せるべきところは任せるということだ。誤解を恐れずに言えば、それらは一時的に忘れても大丈夫な仕組みをつくるということだ。

初めはすべての仕事を自分でやっていたが、会社の規模が大きくなるにつれて業務が増え、すべてを自分一人でやることはできなくなった。無理してやろうとしたら、結果的には仕事のクオリティが落ちるし、「あの仕事、どないしよう」などと他の仕事が気になり目の前の仕事に集中できなくなる。

だから、人に任せるべきところは人に仕事を振る。もちろん人に任せたことは、自分でやる仕事より、忘れてはならない。すべての仕事を俯瞰《ふかん》しながら、見守らなくてはならないのだ。そのために、思い出すタイミングがくるような、仕組みをつくっている。それが「安心して忘れる」という仕組みだ。

僕はあるコーヒー業者の方と、インドネシアへ行った。これまではその方のお父さんと仕事をしていたので、息子である彼とは初めての仕事ということになる。その彼がお店に連れてきてくれたインドネシアの方から、インドネシアにも、とても珍しいカカオがあるという話を聞き、現地に赴《おもむ》いたのだ。インドネシアはコーヒーの産地としても有名だが、カカオの栽培も古くから行なわれている地域である。

今回の旅の主な目的はカカオだが、コーヒー業者の方との旅だったので、現地でいろいろなコーヒーをテイスティングさせていただいた。そこで出会ったコーヒーの中に、とても素晴らしいものがあった。まるでライチか木苺のような、さわやかな酸味があるコーヒーだった。

そしてその瞬間、僕の頭にこのコーヒーを使った新しいショコラのイメージが浮かんだ。

思いついたとき、すぐに絵を描いてしまうのも安心して一時的に忘れる方法だ。ひらめいたアイデアは、すぐに書きとめないと忘れてしまう。忘れないようにするより、さっとその場で書きとめてしまうほうが、確実にイメージを残すことができる。

そしてこのときは、もうひとつ安心して忘れられる仕掛けをしておいた。

僕はコーヒー業者の彼にも、僕の思い描くショコラのアイデアを伝えたのだ。

そして、彼に「このコーヒーの生豆を持って帰って、焙煎《ばいせん》の度合いを変えて何種類かのコーヒーのサンプルをつくってほしい。酸味が特徴やから、酸味が消えるぐらいまで焙煎の温度を上げてしまうと、僕がイメージしてるもんにはならないからね、そこを大事にしてほしい」と、コーヒーの焙煎を頼んだのだった。

さらに、「サンプルを持ってきてくれたときから、僕は今話したショコラの試作を始めるから。だからサンプルを持ってくるのは、いつでもいいというわけじゃない。僕の心が熱いうちに持ってきてや。そして僕に直接渡してほしい」と言い添えた。彼がコーヒーを持ってきてくれない限り、そのとき話したショコラは、世の中に生まれないのだと相手にも自分にもちょっとプレッシャーをかけた。

僕は若い彼のエネルギーに賭《か》けたのだ。

彼には、この仕事を通して達成感を味わってほしかったのだ。エスコヤマは自分が担当しているのだという自覚を持ち、自信を持ってもらいたい。そんな想いを込めて、その仕事を託した。

相手が失敗しないように丁寧に丁寧に伝え、相手を信じて待つ。そうすれば、コーヒーを持って来てもらえるまではそのアイデアのことは忘れていられる。そして、僕の頭の中は白紙になり、別のことを考えられる余裕が生まれるのだ。

安心して忘れるためには、その瞬間、瞬間の行動の精度を上げるためにも忘れられる体制をつくらなくてはならない。

そのために大事なのは、相手に「これをやっといて」と任せる内容を伝えるだけではなく、「なぜそれを任せたいのか」という想いや、「その仕事をやったらどうなるのか」という結果を想像できるように伝えることだ。

自分に任された想いや、その結果として何が起こるかを知れば、相手もその仕事の重要性や意味がわかる。そうすれば、「ただ仕事をこなせばいい」とか「こんなもんでいいや」という気持ちではなく、しっかりと仕事に取り組めるものだ。

もちろん仕事の中には、要所要所で指導しなくてはならない業務もある。すべてを人に任せて忘れてしまうのは無理だが、できるだけ自分を身軽にして白紙になれるようにしないと、リーダーは動けなくなるのだ。

半年先のプロジェクトは、思い出す予定も書き込む

仕事は毎日たくさん入ってくるものだ。だから注意していないと、つい目の前のことばかりに気を取られ、うっかり忘れてしまう案件が出てくる。

たとえば、取引先から問い合わせのメールが届いたとする。それを見たときは、「質問された内容を関係部署に確認して、ちゃんと返事を書かないと」と思うだろう。だが、次のメールを読み始めたり、上司や同僚に声をかけられて別の仕事を頼まれたりすると、メールの返事を書くのがどんどん後回しになる。結局忘れてしまったという経験は、多くの人にあるのではないかと思う。

仕事に漏れや抜けが出てしまっては周囲に迷惑をかけてしまう。

「もしかしたら、忘れてしまうかも」という心配は、つねに僕の心の中にある。

そこで僕は、「思い出すとき」を決めて、どんな先の締め切りの仕事でも絶対に思い出せるようにしている。

毎年いくつかの百貨店から「限定50台」などのプレミアムのクリスマスケーキの依頼をいただく。プレミアムの名にふさわしい凝ったケーキを考えるのだが、味のイメージはすぐに決まっても、デザインはすぐには決まらない場合もある。

そんなときは、まずはカタログの写真撮影日を確認する。試作期間を考えると、撮影日の1週間前には、すべてのデザインを決めておかなくてはいけないからだ。デザインを決めるには、考える時間が必要になる。そこからさらにさかのぼって、「ここからここまでの期間でアイデアを考える」と、アイデアを考えるスケジュールも入れてしまう。

そこまでのスケジュールを組んだら、スタッフに「○月×日と△月□日に、『この件、そろそろですよ』って合図を入れて」と頼んでおく。2段階にしておくのは、1回目に伝えてもらっても、そこでほかの仕事にかかりきりになっていると忘れてしまう可能性があるからだ。

そうやって思い出す日を決めておけば、その間は安心して忘れられる。これも白紙になるひとつの方法だ。

思い出すときは、それぞれの仕事の流れに合わせて決めればいいだろう。

「毎日夕方5時に、メールの返信漏れがないかをチェックする」

「毎週金曜の夕方6時に、プロジェクトの進行状況を確認する」

そうやって決めておけば、その間は忘れていても問題ない。

部下に「この日までに書類の確認をお願いします」と頼まれたのなら、スケジュールアプリなどに締め切りの日を入れ、アラームが鳴るようにしておく方法もあるだろう。

大事なのは、「絶対ここで思い出す」というスケジュールを決めておくことだ。

スケジュールを入れる際に、単に締め切りや期限だけを書き込んで終わりにする人がいる。それだと、スケジュール帳を見て締め切り直前にならないと思い出せなかったり、仕事が立て込むと案件を忘れてしまうこともある。

自分の性格を知り、うまくいくようにアイデアを駆使して工夫する。忘れる心配をなくすためには思い出す予定をつくる。こうすれば、どんなに仕事があっても、漏れや抜けを防げるだろう。

アイデアは放置することも

よく、「シェフはアイデアをいつ考えているのですか?」と聞かれる。C.C.C.に出品するショコラは、1年中試作を続けて開発しているように思われているようだが、実際はそんなことはない。

C.C.C.のショコラを試作するのは、最後の1カ月半くらいだ。それまでは、自分の中でアイデアを温め、頭の中でアイデア同士のオーディションをしている。2014年の作品は、80種類のアイデアの中の4品だ。

アイデアを温めるのも、つねにフル回転で考え続けているわけではない。日々の中で見つけたひらめきを頭の片隅に残したまま、放置するのだ。

小山薫堂さんに誘っていただき、「下鴨茶寮」に伺《うかが》ったときもそうだった。

このお店は、薫堂さんがオーナーになると同時に、若手料理長を迎え、お守りとして料理のプロデュースを、僕も信頼している料理人にお願いされていた。初めは「新体制が整うまで待ってほしい。準備ができたらまた声を掛けるから」と言われていた。そしてその体制が整ったと連絡があり、伺ったのだ。

その料理のコースの中で、第1章でも述べた「料亭の粉しょうゆ」が登場した。

これは下鴨茶寮で独自に開発された商品だそうで、「ヒラメの昆布締めにつけて食べてください」とのお勧めに従って食べると、大層おいしかった。

もともと「ハッピーターン」のような、お菓子に振りかけてある粉が直接舌に当たるのが好きだというのもあるのだろうが、その粉しょうゆの味わいが、頭の中でパッと「この料亭の粉しょうゆを使ったクロワッサンや、デニッシュや、ショコラをつくったら、きっとおいしいやろうな」と、ひらめかせた。

そこで、帰ってからすぐにショコラを試作してみたのだが、すぐにできると思ったのになかなか思いどおりのものができない。つくりたい味のイメージは自分の中であるのだが、どうしてもそれをうまくショコラで表現できなかったのだ。

こういうときは、無理にイメージを追いかけたり、試作に時間をかけたりせず、「またひらめくやろ」と放っておく。これは若いときに培《つちか》った経験によるものだ。

数カ月経ち、来日した友人のフランス人のパティシェと食事をした際、彼の要望でステーキを食べることになり、鉄板焼きのお店へ行った。

そのとき、なぜか普段は気にしない、目の前の鉄板に目がいった。鉄板では減塩醤油を垂らし、ブクブクと軽く焦がすように煮詰め、そこにご飯を入れ、手早くガーリックライスをつくっていた。

そのとき、不意にご飯が生クリームに見えた。そしてその瞬間、僕は「できた！」と叫んでしまった。頭のどこかのフォルダに「醤油」がしっかりあったから、ひらめいたのだろう。

ちなみに「ひらめき」と「思いつき」は似ているようでまったく異なるものだ。ひらめきは準備をしている人にしか訪れない。考え抜いた末に生まれるアイデアだ。他方、思いつきとは準備もしないでその場でぱっと考えた一案でしかない。

このときに浮かんだアイデアで試作をしてみると、イメージしていたとおりの味が実現できた。完成した焦がし醤油のショコラは薫堂さんにも大変喜んでいただけたし、無事にC.C.C.に出品するひとつになったのだ。

まずは絶対的な味のイメージを創り出す。そのなかで優れたアイデアは、1週間経っても色あせない。それを試作し、それでもうまくいかないときに放置する。アイデアが本当に優れているときは、花開くときが必ず来るからだ。

確かにお菓子に限らず、新商品や新サービスをつくりあげる場合、とにかく試作を繰り返してみるというのも、ひとつの方法だ。

だが「これだ！」というアイデアがまとまらないうちは、いくら試作をしてもいいものは生まれないだろう。何も生まないことをいつまでも続けても、時間をムダに費やすだけだ。

時間に余裕があるときは、ちょっとその案件は横に置いておいて、放置してみるのをお勧めする。

放置するといっても、完全に忘れるわけではない。

ひらめきや完成させたいイメージは頭の隅に残っているから、アイデアを形にする重要なファクターと出会ったときに「あっ、これや！」と、新たなひらめきを得られるのだ。そして、そのひらめきを得られたら、そこからは一気に加速して実現される。

そこまで焦らずに待つのも、アイデアを生み出すための大切なプロセスだ。

アイデアがまとまった瞬間の僕の心境を表わせば、こうなる。

焦らずに待って生まれた「焦がし醤油」

自己満足から、全員満足へ

自分は１００点満点を目指しているつもりでも、じつは「わがまま１００点満点」になってしまっているという場合もある。

たとえば、上司から会議で使う資料を作成するように指示されたとする。自分としては、しばらく資料作成に集中したい。

そこで他の先輩から頼まれた仕事を後回しにしたり、自分が担当することになっていた社内清掃などを休んだりしたら、たとえ資料はよくできたとしてもわがまま１００点満点の仕事だといえる。

僕がC.C.C.に出品するボンボンショコラの開発にかかりきりでお店のことを疎《おろそ》かにしてしまったら、それもわがまま１００点満点だろう。ショコラのことで頭がいっぱいになり、目の前にいるお客様が困っていても手を差し伸べられなかったら、なんのために出品するのか、という話になる。

ショコラの製作を手伝ってくれるスタッフも満足し、それ以外の仕事をしているお店のスタッフも満足し、お客様も満足して初めて、**全員満足**を実現できるのだ。

100点かどうかは、自分で評価するものではない。仕事をした結果、それを見た自分以外の人が決めるものなのだ。

自分の仕事を評価する相手は、自分の上司だけではない。お客様や取引先はもちろん、同僚や部下、後輩などすべてが仕事の相手だ。

たとえばロールケーキの生地は、つくる人や、その日の気温などによって状態が変わる恐れがある。それ自体は自然のことだから、避けようがない。だからこそ、技術を駆使して標準化を図る。

僕が生地をつくるときは、その日の出来によって、スタッフに次の工程の指示の出し方を変えている。

「ごめん、メレンゲ立てすぎてしまった！　急いで分割して、早く伸ばして！」と言うときもあれば、いい生地ができたときは「これ見てくれ！　ええ生地上がったで！」とみんなに見てもらう。そうやって、いい状態と悪い状態をハッキリ伝えると、みんなもその状態を共有できる。そうしてチームワークを活かして最終的に最高の状態に仕上げるのだ。

だから、他のスタッフがつくるときも、仕上がり具合によって次の指示を変えられるぐらいになってほしいと、いつも思っている。いい状態と悪い状態をはっきりわかっていないのも問題だが、悪いと気づいても何もせずに黙って次のスタッフに渡すのは、わがまま100点満点と同じだろう。

どんな状態でも、お客様には最高の小山ロールを食べていただかなくてはならない。そのためには、「これぐらいなら問題ないだろう」という妥協は許されないのだ。

それはどんな仕事にも当てはまる。

会社の掃除をするのも、社員全員に気持ちよく使ってもらいたいから。仕事で使う道具を整理整頓し、整備しておくのも、次にそれを使う人のためだ。

自己満足から、全員満足へ。相手のいない仕事はない。つねに周りから100点満点をもらえるような仕事の仕方を考えなくてはならないのだ。

心配を放っておくから悩みになる

僕は心配性だ。いつもいろいろなことを心配している。

たとえばお客様やお店のスタッフから「何か、小山さんはおもろなくなったな」と言われたらどうしようかと、いつも心配している。

僕の仕事は何歳になってもいつまでもおいしい新作や、心地のいい空間を生み出すことを期待されている。だからこそ、自分自身を進化させないと淘汰《とうた》されてしまう。努力をやめたとたん、進化は止まるのだ。

人の評価を心配していると言うと、毎日周りの目を気にして、クヨクヨ悩んでいるように思われるかもしれない。

だが、**僕は悩んではいない**。**心配性だが、悩み症ではないのだ**。

心配性と悩み症は違う。悩み症の人は、心配事があるときに、それについて考えているだけで、何も行動しないのだ。

なかなか思うように新規の営業先が開拓できないでいるとする。こういうとき、「上司に叱られるのでは」「自分に能力がないのではないか」と心配になるだろう。

いつまでも「叱られたらどうしよう」「どうやったら営業が上手になるのだろう」とクヨクヨ考え続けるだけの人は、悩み症だと言える。

心配事は、ただ考えるだけでは解決しない。考えれば考えるほど、悩みになっていくだけだ。

心配事を悩みにしないためには、行動を起こすしかない。心配事を解決するにはどうすればいいかを考え、行動に移すのだ。

上司に叱られるのが心配なら、叱られる前に自分から上司に現状を報告し、どうすればいいか指示を仰いでみる。スキルが足りないと思うなら、身につけるために本を読んだり、勉強会に参加するなどいくらでも方法はあるだろう。

心配は行動をするためのきっかけであって、悩むためにするものではないと僕は考えている。

心配には、ポジティブな心配と、ネガティブな心配がある。

「自分にはまだ足りないところがあるのではないか」と、自分のできていないところを直そうとするのがポジティブな心配。

「もし失敗したらどうしよう」とマイナスの想像をして不安になっているのがネガティブな心配。

ネガティブな心配も悪いわけではない。アスリートや芸術家はつねに「勝てなかったらどうしよう」「公演の最中に失敗したらどうしよう」という不安との闘いだろう。それがいい緊張感になり、最高のパフォーマンスを生み出すのだと思う。

ネガティブな心配を克服するために何か方法を考えるのなら、それはネガティブではなくなる。自信に繋《つな》がるのだ。

さらにいうなら、僕にとって自分自身のことは悩みのうちに入らない。

なぜなら、**できないことがあるなら、できるように工夫すればいいだけだからだ。**

これを21歳の僕に教えてくれたのは前田社長だ。当時、まだそれほどケーキをつくれない僕が社長から「半年後に新店の店長になれ！」と言われたとき、いったんは僕も「店長になるお話、お断わりしていいですか」と辞退した。そのときに言われたのが「半年でケーキつくれるようになったらええだけやろ」だった。その言葉で、自分のことは自分で頑張れば何とでもなるのだと気づいた。

思いどおりの味が表現できなくて悔しく思うこともある。だが、そんな葛藤《かっとう》をバネにして、次に進んでいるのだ。

人のことで悩んで一人前

そんな僕でも、人のことは悩みになる。

人の心理や行動は、他人である僕の想いでどうこうできるものではない。本人が自覚しない限り無理なのだ。スタッフの成長を待たなくてはいけなかったり、「こうなってほしい」と思うのにそれが伝わらなかったり、「なんで、こういうふうにできへんのんかな」と思うことばかりだ。

だから「A君に、こういうふうに言うねんけど、どうも伝わらない。何か、僕の言い方まずいんやろうか」と思ったときは、他の人に違う角度からの援護を頼むこともある。

「僕はこう言ってんねんけど、うまく伝わらん。いっぺん、B君のほうからも話をしてみてくれへんか」と、人の力を借りるのだ。

そうやって、あらゆる手段を使って、僕は何とかスタッフに気づいていただきたいと常日頃から心を砕いている。

誰でも、いつかは先輩や上司の立場になる。そうなったら、自分のことで悩んでいる暇はない。人のことで悩むようになってはじめて、一人前の社会人と言えるのかもしれない。

僕も、周りからおもしろくなくなったと言われないように、つねに新しいことを吸収しようとアンテナを張っている。周りを楽しくさせるにはどうすればいいかをいつも考え、実行し続けているのだ。

すぐに行動に移していれば、心配性でも悩んでいる暇はない。**不安が現実になる前に先手先手で動いていれば、心配事がたまって悩みになることはないのだ。**

心配事をためないための行動として、上司や同僚をしっかり選んで相談したり、話を聞いてもらうのもひとつの方法だ。自分の中にため込まず、吐き出すことで気分もスッとするだろう。

だが、ここで大事なのは、話を聞いてもらうだけで終わらせないこと。**話を聞いてもらったら、その後は「さあ、やり始めよか」と、次の行動を起こすのだ。**

人に相談して「大変だね」「気持ちわかるよ」などと声をかけてもらって、そこで満足してしまう人もいる。人は相談相手を探すとき、ついつい自分がかわいくて、同類項に含まれる人を選びがちになる。こういう人は、話を聞いてもらい、キズの舐《な》め合いをしてほっとすることが目的になってしまっているのだ。また選んだ相手も悪いのだ。

確かに、それでその瞬間は気分も楽になるだろう。しかし、これではいつまでも心配事は解決しない。そうやってため込んでいくと悩み事になってしまうのだ。

人に相談したり、話を聞いてもらうときは、次にどのような行動をすればいいかのアドバイスをもらったり、行動を起こすために背中を押してもらうつもりでいくのならいいと思う。愚痴《ぐち》をこぼすだけなら、悩み事はたまっていく一方だ。時には自分にとって厳しい指摘もあることを覚悟しなくてはならない。

心配事は、そのままにすると悩みになってしまう。そうなると、どんどん解決するのが難しくなり、問題がこじれてしまう。

心配しても、悩まない。そのためには行動するしかないのだ。

第3章

自分のテンションも
どんどん上がる
「前始末《まえしまつ》」の習慣

「自分への報告書」で明日をワクワクして待つ

約250名の前で行なったサロン・デュ・ショコラでのデモンストレーション。どんなデモでもイメージが完璧になるまで事前の「前始末」は欠かさない

「TVチャンピオン」でもとことん質問

質問は勇気のいる行動だ。

「その件について、自分は知らない」と認めなければいけないし、相手に「教えてください」とお願いしなければならない。新入社員のころは質問できても、ベテランになるにつれプライドが邪魔して質問できなくなる人は多いのではないだろうか。

テレビ東京で放映されていた「TVチャンピオン」、その中の「全国ケーキ職人選手権」で2連覇をしたのは、まだ僕がハイジに勤めていた1994年のころだった。

周りのパティシエがきれいなアメ細工《ざいく》の作品を作る中、それが当時あまり得意でなかった僕は、マジパンを用いた、ほのぼのした作品で勝負した。

マジパンとは、アーモンドにシロップ（砂糖と水）を練り合わせ、ペースト状にした、装飾用の製菓副材料である。

美しくてカッコも良いアメ細工に対して、マジパンの細工は温かさを表現できる。その温かさが審査員の心に伝わり、僕は優勝できたのだと思う。

しかし、それだけが連覇できた理由ではない。**僕が優勝できたのは恥も外聞《がいぶん》もなく徹底的に質問したからだろう。**

僕は事前に疑問に思うことは事細かに質問し、番組にたずさわる方たちに説明を求めた。番組のプロデューサーから、「あなたほど事前に質問が多い人は初めて会った」と言われたほどだ。

これは僕にとって、とても重要な**「前始末《まえしまつ》」**なのだ。

僕には「出るからには優勝したい」という明確な目標があった。

テレビに出られる、有名になりたいという浮かれた気持ちはなかった。当時、営業部長だった僕は、自分がそこで優勝できれば、お世話になっているハイジに貢献ができる。それに、今の自分の実力がどれくらいのものなのか、どこまでいけるのか、全力で試してみたかったのだ。

この当時から僕の考えは変わっていない。自分のスタンダードレベルが高ければ、自分が良いと思うものをつくっても、世の中の人は必ずいいと思ってくれる。自分の持てる技術をすべて使いこなし、審査員の求めるレベルを超えるものをつくれれば選ばれるだろう、と信じていた。

ただし、審査員や番組側が大きな作品を求めているのに、小さいものをつくってしまったら、いい結果は得られないだろう。

だから「自分はこういうものをつくろうと思っている」とあえて手の内を明かしてでも、相手が望んでいるものを引き出していったのだ。

そして、質問を徹底的にした理由はもうひとつある。

それはやはり、お互いの力を合わせて、いい番組をつくりたかったからだ。

テレビ局から依頼されて出るとなると、普通はテレビ局のほうが番組づくりを知っている立場なのだと思ってしまう。

しかし僕は、**指示されたことしかやらないのではなく、一緒にものをつくり、協力し合う関係になりたかった**。番組側が時間的に無茶な要求しているなと思えば、「それは無理ですよ」と、作り手側であるパティシエの代表として、その理由を説明した。

審査の結果は他者に委《ゆだ》ねるものだから、どうなるかはわからない。しかし「ものづくり」という大好きな作業に、できる限りの力を僕は尽くしたかったのだ。

コミュニケーションをとっているうちに、相手も僕の目指しているものを理解してくれる。熱意を伝えれば「お、こいつはこんなに本気なんだな」と、向こうも熱意で応えてくれる。そういう関係ができれば、撮影のときに見せ場で「はい！」と手を挙げると、カメラマンがサッとやって来て、カッコイイ僕を撮ってくれるのだ。

こうしてお互いがコミュニケーションをとり、伝えあった熱意は、お菓子を通じて、番組を通じて、審査員や視聴者にも伝わっていく。人に評価してもらいたいのなら、そこまで力を尽くして、初めて評価されると言えるのではないだろうか。

これはビジネス全般に通じると思う。

あらゆる仕事は自分でやりたいように進めるのではなく、上司や取引先が望んでいるとおりにやってこそ評価される。そのためには**相手に何でも聞いて、相手の望むものをできるだけ引き出そう**という姿勢が大切になる。独り《ひと》よがりでは、結果は出せない。

その姿勢は「この仕事に真剣に取り組む」という熱意となって、相手を動かしていく。そうなれば、相手もどんどん自分の情報を打ち明けてくれるのだ。その結果、アウェイがホームになる。

「自分はわかったつもりになっているのではないか？」

その疑問が消えるまで、質問はどんどんすべきだと僕は思う。

「こんなに質問が多い人は初めて」と言ったプロデューサーは、こうも話していた。

「よく考えたら、質問がいちばん多い人が、やっぱり優勝してるなあ」

やはりそこに、仕事への取り組み方や、姿勢が現われるのだ。

クオリティを高く意識している人ほど、事に挑《いど》むときに、心配して用心深くなる。

知らないことやわからないことを尋ねるのは恥ではない。**「知ったつもり、わかったつもり」でいることのほうが、本当はカッコ悪いのだと思う。**

世の中の人を分ければ2パターン

世の中の人は、**「準備をする人」**と**「ぶっつけ本番の人」**の2つのタイプに分かれると、僕は考えている。

準備をする人というのは、基本的に心配性であるけれども、毎日を全力で生きて、それまでの人生をつねに明日への準備に活かせる人だ。準備をする人は、これまでの一日一日が経験値として蓄積されているから、いつ大事な局面が来ても対応できる。ひらめきも味方してくれる。

一方「ぶっつけ本番」の人は楽観的であり、自分の力を過信して、それまでの毎日を今日に活かすことができていない。

あるとき、仕事関係のスタッフの方に、車で迎えに来ていただいたことがある。

しかし、運転をしている男性はどうやら途中で道に迷った様子だ。

どうしたのかと思い話を聞くと、「この辺の道は詳しくないので、よくわからない」とのこと。

彼は早めに店に到着していたので、その間にいくらでも行き方の確認はできただろう。ところが、僕が車に乗りこんでからカーナビを設定していたのだ。これはあきらかにぶっつけ本番だ。

僕は思わずこう言った。

「ちょっと悪いんですけど、はっきり言わせていただきますね。今日は運転手っていう仕事をするために来てくださったんですよね。それなのに、前もって道を調べておかなかったんですか？」

これを究極のおせっかいというのだろう。おそらくその男性は、「うるさい人だな」と感じたかもしれない。そう思われてもかまわない。その経験からぶっつけ本番が減るのなら、その男性にとっても成長のきっかけになるのではないかと思うのだ。

一方で、エスコヤマのスタッフで、お菓子教室の会場まで僕を送迎する担当になった子は、「シェフ、今度の休みの日、会社の車をお借りしてもよろしいですか？」と言ってきた。

理由を尋ねると、お菓子教室の会場まで迷わずに行けるかどうか心配なので、実際に車で行ってみたい、との理由だった。

僕は感動してしまった。それこそ、僕の考える「心配性」であり、「前始末」でもあるからだ。

そこまでして迷ってしまっても僕は叱らない。何の前始末もしないで迷ったときに注意するのだ。

幼いころの僕は、人前で話をするときに、前もって紙に書いて読みあげていた。いま思うと、神経質なほど紙に書いて、人前で話していた。

しかし、書いたものを読むと、それに気を取られてしまって、心に響く話ができない。

そこであるとき、「もう何も見んと言うたろう」と僕は考えた。すると意外なことに、スっと言葉が出てくるようになった。

時が経って、現在の僕。講演会やお菓子教室、結婚式での主賓の挨拶《あいさつ》など、大勢の人の前で話をさせていただく機会は少なくない。

普通なら、挨拶の言葉やその日話すことをメモに書き、読む人は多いだろう。話の内容をただ伝えるだけなら、それで十分だと思う。

けれども、相手に自分の熱意を伝えたいような場合は、メモを見ずにそのとき感じたことを話すほうがいい。

これはぶっつけ本番とは少し違うと思う。

僕は若いころに書いて準備をしたり、悩みながら大勢の人の前でしゃべる経験を数えきれないほどした。それがその日のための準備だったのだと思う。さらにパティシエになってからも積極的に人前で話すようにしていたので、慣れていったのだ。

子どものころから大勢の前で話す機会が少なかった人が、何の準備もなくスピーチに挑んでも、すらすら話せないのは無理もないだろう。

準備は直前だけ必要なのではなく、日常の生活の中でしていくものではないだろうか。人前で話すのが苦手なら、話し方教室に通うより、会議などで積極的に発言するようにすればいい。プレゼンの直前だけ慌てて練習しても、準備は足りないのだ。

あるとき、僕のパーソナルトレーナー（個人契約のスポーツトレーナー）である、ヒューマンアーティストのゲッタマンに、こんなことを言われた。

「小山さんは、いつもいろいろなことの準備をしてきている」

『ゲッタマン体操』などでＤＶＤも出されており、多くのメディアに出ている方なので、彼をご存じの方は多いだろう。

「準備っていうのは、その直前だけじゃない。毎日が〝この日〟のための準備。小山さんはそれをやってきている」

つまり、今までの人生をかけて、毎日毎日未来に向けて準備をしてきたようなものだということだ。

僕は毎年、春から秋にかけて昼休みの時間を利用して、脂肪が燃焼し始めるまでの約

40分間ジョギングをする。

走る人の中には、あるときふと思い立ち、いきなり何の準備もなく走り始めてしまう「ぶっつけ本番」の人も多い。それだとすぐに体を傷《いた》めてしまう。

僕の体が真夏でも走るのに耐えられるのは、8年前からまずは歩く練習に始まり、太る理由を理論的に学び、僕自身の1日に摂取しているカロリーや消費するカロリーを頭でしっかり計算する習慣を身につけてきたからだ。体を傷めないようなトレーニングの仕方を身につけるのは、一朝一夕にできることではないのだが、そこまでできるのは、やはり僕が「心配性」だからだ。

心配性の人間は、とにかく準備をして、自分が安心して仕事に臨めるよう努める。自分を過信しないから、つねに「何か心配事はないか?」と心配の種を探して、芽が出る前に何とかしてしまう。

しかし、自分の力を過信して「何とかなるだろう」「これくらいで大丈夫だろう」と思ってしまう人は、いつも準備不足で大変な思いをする。せっかくのチャンスを潰《つぶ》してしまうのだ。

「何とかなる」ではない。「何とかしなければいけない」のだ。

そういう気持ちになれれば、自然と準備の意識は出てくると思う。

イメージが完璧になるまで「前始末」をする

僕は、**仕事では後始末より前始末のほうが大事**だと考えている。

前始末とは、事前の準備やシミュレーション、段取りなどを意味する言葉だ。

たいていのことは、前始末さえきっちりやっておけば後始末をする必要はなくなる。

前始末をやっておかなかったから、後始末しなければならないケースが多いように感じている。

あるときエスコヤマで、お子様と一緒にロールケーキをつくるというテレビの撮影があった。

お子様は男の子が1人と、女の子が2人の3人が参加した。女の子2人が組んで、残りの男の子は、タレントさんと組んでロールケーキをつくる。つまり女の子チームと男の子チームの、2種類のロールケーキが出来上がるのだ。

そこに僕がつくったロールケーキがお手本として入るので、試食のシーンでは３種類のロールケーキが順番に出てくることになる。

僕は、出来上がったロールケーキに、ちゃんと番号を書いて冷蔵庫に冷やすようスタッフに指示を出した。冷蔵庫から出して運ぶときに、誰がつくったロールケーキかがわからなくなってしまうという可能性があったから出した前始末だ。

「運ぶ可能性がある人、全員で情報を共有しなさい」と、僕はそこまで指示した。

そうして迎えた試食の時間。男の子チームのロールケーキは、生地がちょっと硬めの、男らしいロールケーキになっていた。

ところが、女の子チームのロールケーキという場面で、なんと僕がつくったロールケーキが出てきてしまった。

そして、僕の前には女の子たちのつくったロールケーキが置かれた。

僕は一目見てわかったのだが、試食するシーンが撮れればいいわけだから、せっかく回してしまったカメラを止めるのもどうかと考えた。

「女の子はやっぱり、女の子らしく優しくかき混ぜたから、生地がふんわりしてるね」とコメントをして、その場は何とか乗り切った。

残念ながら、これは前始末を徹底的にできなかった例だ。失敗を予測して指示を出していたにもかかわらず、予想していたとおりの失敗を招いてしまった。

これは、僕の指示を聞いた人間が、ロールケーキを運ぶ可能性のある全員にそれを伝えきっていなかったから起きた。ジョイント部となる人間が心配心を持たずに関わろうとすると、こうなるのだ。僕の心配心のバトンが先の先まで渡っていかずに、途中で止まってしまったようなものだろう。

指示を聞いた人は、たとえ伝えなければいけない相手が何人いようと、徹底して伝えきらなければいけない。そして聞いていない人は、その作業に参加してはいけないのだ。そこまでを僕から伝えていたら、スタッフは緊張感を持ち、もれなく伝えたのではないかと思う。

じつは、このときの撮影はハプニング続きだった。

それはエスコヤマの広報担当の前始末が悪かったところに、多くの原因がある。

テレビ局の方はケーキづくりに詳しいわけではない。相手が素人ならば、僕のレシピ本から該当部分のコピーをとって送り、「こういう工程でつくりますよ」と伝えておけば、どのカットを重点的に撮ればいいのかが相手もわかっただろう。

そういった情報を共有していなかったので、撮影の最中に一からロールケーキのつくり方をテレビ局の方に教えなくてはならなかった。相手は何をどう撮ればいいのかその場で考えるので、とにかく時間がかかったし、何度も撮りなおさなくてはならなかったのだ。これも前始末でいくらでも防げたことだろう。

仕事の場を仕切るリーダーや指揮官になる人は、やはり心配性でなければいけない。全体を見て、つねに心配事を探すのが当然の務めだと僕は思う。

「もしロールケーキを、指示を聞いてない人が持ってきたらどうしよう」

「もし、相手がロールケーキのことを知らなかったらどうしよう」

そう考えることができれば、先々のイメージが浮かんで対処できたはずなのだ。

仕事をうまくやりたければ、うまくいかなかったときのイメージをすることが大事になる。

いいイメージは大事だが、どんな仕事でも、悪い展開というのは必ず起こりうる。それをイメージせずに目を背《そむ》けるのは、楽観しているにすぎない。

僕は前の晩に、頭の中でリハーサルをしている。仕事のスタートから着地点まで、何度も何度も繰り返し思い描く。イベントでお菓子をつくるなら、「ここでこんな説明をしよう」「司会者にちょっと味見をしてもらおう」と、細かい動作まで、具体的にイメージする。

その最中に、「材料がもしも足りなかったらどうしよう」と心配事が出てきたら、余分に用意しておこうと想像が働く。

そうやって、頭の中で徹底してシミュレーションしていると、「この流れで進むと完璧だ」というイメージが見えてくる。そこでようやく前始末は終了だ。

そこまでやっておくと、すでに1回仕事をしたのと同じぐらいのレベルになる。だから当日も戸惑うことなく、2度目の仕事のようにスムーズにできるのだ。

しかも、それをやりすぎて、決めこみすぎないよう、新鮮味を残すのがベストだ。シミュレーションどおりにやりすぎると僕自身が型にはまっておもしろくなくなってしまう。昔はシミュレーションどおりに動いていたが、今はアドリブで動くほうが僕らしさを出せる。

これは武道や茶道などでよく言われる「守破離《しゅはり》」の教えと同じだ。まずは基本の型を覚えてしっかり身につけて、次に他の教えからよいものを取り入れ、十分なレベルに達してから、独自の個性を発揮する。「離」に達する前のステップがあるからこそ、「離」で思う存分に自分らしさを出せるようになるのだ。

この「守」「破」は前始末にもなるだろう。そこでどれだけ前始末をしておいたかによって、その先に続く未来も変わってくる。

そして、**たいていの失敗やトラブルは、前始末で十分防げる。**皆さんも、ぜひ試してみてほしい。

熱意は熱を呼ぶ

2014年、スペインで発刊されている「so good」という雑誌に、エスコヤマのショコラの特集をさせてほしい、とご依頼をいただいた。

この雑誌は、年に2回発行される製菓専門誌で、世界で活躍しているパティシエのマインドや情熱を、レシピや美しい写真つきで紹介している。僕にとってはとても光栄な話だ。

この雑誌のＨＰには告知動画も掲載される。その映像はこちらでつくってほしいということだった。

広報担当のＩ君はその話を受け、僕にそのまま報告してきた。

「アイフォンでもいいから、撮ってほしいと言ってます」

彼はそう言ったが、現地スペインのパティシエの動画を見てみると、どう考えてもアイフォンなどで済ませた代物《しろもの》ではない。みんなプロがビデオカメラで撮っていた。

僕はすぐに、知り合いの映像カメラマンに連絡し、告知動画を撮ってもらった。そのおかげで、とても満足のいくクオリティに仕上がったと思う。

告知動画はこうである。

世界地図を捉えたカメラが、ギューッと日本地図へ寄り、さらにエスコヤマがある兵庫県三田市に絞られていく。そこからエスコヤマの映像に切り替わり、カメラはショコラショップ「Rozilla（ロジラ）」に縫《ぬ》うように入っていき、そこで僕が挨拶を始める。

途中からは、場所を緑の生い茂った庭に移した。僕が自然を愛し、自然に囲まれている環境でクリエイトするからこそ、さまざまなお菓子を生み出せるのだと知っていただきたいという想いがあった。

「告知動画ひとつと言えど、しっかりした作品をつくりたいし、エスコヤマのスタンダードを見くびられたくない」

そんな仕事に対する姿勢を伝えたからか、当初は数十秒でいいと言われていた動画は、２分超のものが採用されることとなった。２０１４年10月23日に行なわれた、スペインのスローフード評議会主催のショコラセミナーでも、この動画を見た方が多かった。クオリティが高い作品を提供すると、そのようなところまで繋《つな》がっていくのだ。

さらに、本に掲載される記事も求められている以上のクオリティにしたいと考えた。「so good」は専門誌といっても、オールカラーで図鑑のようなしっかりしたつくりの１冊の本だ。デザインにも凝っていて、パティシエやお菓子の写真も芸術的だ。

当初「so good」側は、５ページで紹介すると提案してきた。

そのとき、写真のクオリティを高いものにしたら、もっと多くのページで載せてくれるんじゃないか、と僕は考えた。

今まで撮った写真からチョイスすることもできたが、やはり妥協せずに、エスコヤマの高いスタンダードを見せるには、新たに撮り下ろすのがベストだろう。そう判断した。

僕はいつもエスコヤマのカタログやリーフレットの写真を担当しているカメラマン石《いし》丸直人《まるなおと》氏をワクワクさせたくて、彼に持ちかけた。

「石丸、ごっついチャンスが回ってきたで。向こうは5ページって言うてる。でも新たに撮り下ろす石丸の写真がすごいもので、本のグレードが上がるとなったら、10ページだって載せたくなるよな。石丸ならそれができる。ここはお前の写真で、10ページもらいにいくぞ」

自分の写真がスペインの雑誌で発表される。こんな興奮する話はなかなかない。気合いの入った石丸氏は、見事にこの要求にしっかりと応えてくれた。

そして「so good」の日本人ライターさんが僕の話を聞いて記事をまとめてくれた。記事のタイトルは「Unknown taste of Kyoto（京都出身、まだ我々が知らない、未知の味）」。

歌手になりたかった。デザイナーにもなりたかった。左官職人にも憧《あこが》れた。そしてパティシエになった、小山進。

「小山進って、どんな人間？」と興味を持ってもらえるような、普通の人物紹介やお菓子の紹介を超えた、ものづくりのバックグラウンドまで入れた記事だ。

取材を受けたとき、僕がチョコレートやお菓子の話だけをしたわけではなかったからだろう。厨房《ちゅうぼう》でだけで物をつくっているわけではない、ということが伝わって嬉しかった。

そうした結果、「so good」には、10ページにわたる紹介記事を載せてもらえた。

仕事を頼まれたとき、頼んできた相手に合わせようと思うのは、間違いではない。

しかし、周りの人と同じものを相手の要求どおりに提供していては、次回の仕事の依頼は来ないだろう。**誰に頼んでも同じなら、あなたでなくてもいいのだ。**

「この人は特別だ」と思ってもらえるように差別化をはからなければ、生き残っていけないだろう。それはどんな仕事でも同じだと思う。

そして、その熱意が相手に伝われば、相手も熱意で返してくれるのだ。

自分に関係ないことなんてない

ある日、知り合いの社長さんに「うちのスタッフたちの前でお話をしてほしい」という依頼を受けた。その話の中で、スタッフが日頃の仕事の中で活かせるような気づきがあれば、とのことだった。

その会社はサービス業に携《たずさ》わっている。

社長さんは社員全員のベクトルを一緒にして、みんなで仕事の達成感を味わえるような組織にしたいと考えていた。ことあるごとに、「みんなで協力しあおう」「問題点をみんなで共有しよう」と社員に説いても、なかなかみんなが動いてくれない。困り果てて僕に相談してくれたのだ。

当日、お菓子教室に上がってきてくださったスタッフの方々は、みな何となくバラけた雰囲気。いかにも「社長に言われて渋々《しぶしぶ》話を聞く」という雰囲気なのだ。

僕が話す前に、その会社の二番手の方が挨拶に立った。

「えー、今日は忙しいのに皆さん集まっていただいて、ありがとうございます。皆さんもご存じとは思うけれども、うちの社長は現場のことをまったく理解していない。皆さんには皆さんなりのやり方があるでしょう。私は皆さんの苦労を知っているから、社長にも進言するんですが、なかなか聞き入れてくれなくて……」

もう僕は、「ええーっ、なんやこれ」と心の底から驚いていた。

進言を社長に聞き入れてもらえないなら、それは進言する二番手の方の力不足ではないか。

それを、僕のような第三者の前で、おおっぴらに社長を批判するのは考えられない。社長が聞き入れてくれないのなら二人でしっかり話をすべき問題なのに、社長ひとりに責任をおしつけ、現場から嫌われないように自分を守っているように見えた。

まるで、「一番苦労をしているのは自分だ」と思っているみたいだった。

そこで、僕はあえて「世の中には、人の批判ばかりをしていて、自分では何も変えようとしない人がいますよね」という話をしてみた。

すると、その二番手の人は「うちの社長のことだ」と近くの社員とコソコソ話し、笑っているのだ。僕は心の中で、「いや、あんたたちのことやで！」とツッコミを入れていた。

この人の問題点は、何事も自分のことだと思えないことだろう。何を言われても他人《ひと》事《ごと》に捉えて、リーダーとしての自覚がないのだ。

皆さんは、他の人が失敗をして叱られているとき、どう感じているだろうか。

「あれはオレもよくやるミスだな」と自分事として捉えているのか、「あーあ、バカなことをやっちゃって」と他人事として捉えているのか。

エスコヤマでも、僕が一人のスタッフを叱っているときに、ぼんやり見ている人もいれば、メモを取っている人もいる。

成長が早いのはもちろん後者だ。どんなことでも自分事に捉えている人は、すべての情報を自分の成長の糧《かて》にする。そして、そういうタイプは失敗やミスも少ない。「人の振り見てわが振り直せ」で、**他の人が失敗したことをしないように慎重になるからだ。これも前始末のひとつだろう。**

人の話を他人事として聞いている人は、叱られるまで何も気づきを得ない。もっと問題なのは、自分が叱られていても「自分は悪くない」と守りに入っている人だ。このようなタイプは、目の前に成長するチャンスはたくさんあったのに、もったいない話だと思う。

そう考えると、皆さんの周りにもチャンスの芽はたくさんあるはずだ。それに気づいた人は、前始末がどんどん上手になっていくだろう。

「わかるか?」が口ぐせの理由

僕は人に何かを伝えるとき、人に何かを頼むとき、途中途中で「わかるか?」と相手に確認する癖がある。「ここまで話したことは、ちゃんと伝わっているか?」という確認だ。

なぜかというと、本来が「伝わらなくて当たり前」と考えているからだ。自分の考えていることを伝える。自分の頭の中にあるイメージを相手と共有する。それは、人が思っている以上に難しい作業だと僕は思っている。

僕は、家の庭でブラックベリーという果樹を栽培して、夏場は毎朝それを収穫している。

ブラックベリーは木苺の仲間で、ジャムなどによく使われる。完熟するとものすごく甘くなり、未熟の状態ではかなり強烈な酸味がある。1本だけでもちゃんと可愛らしい実がなるので、手軽に育てられる人気の果樹だ。

ただ、このブラックベリーの果実はとてもデリケート。

果汁が豊富なのに皮がとても薄く、ちょっと触れただけでも果汁が滲《にじ》んでくる。完熟のブラックベリーの実を摘み取ると、もうその時点で果汁が滲んだり、皮が破れてしまうことも多いのだ。だから扱いは、丁寧を徹底しなければならない。

あるとき、朝は忙しかったので、ブラックベリーを昼に収穫した。

昼間は外が暑くなっているから、果実もかなり熟れていて、やわらかくなっている。普段はそれをタッパーに入れて冷蔵庫で冷やすのだが、そのときの熟れ具合からすると、タッパーの中ではお互いに潰し合ってしまう。

このとき、普段からの勝手がわかっている人がいなかったので、僕は冷やす作業を他のスタッフに頼んだ。

こんなとき、皆さんならどう頼むだろうか。

「これ冷やしておいて」では、当然ながら説明があまりにも足りない。

僕はこう頼んだ。

「これ、ものすごく熟してるから、平たいバットの上にキッチンペーパーを敷いて、そこに1個1個離して置いて、ラップをかけてすぐに冷蔵庫に入れてほしい。そうでないと腐敗してしまう」

そして最後に「それができたら連絡ください」とお願いした。

僕はここまで具体的に伝えて、さらに「チェックも自分がします」と伝えて確認したときに、初めて相手に頼み事を「伝えられた」と思うのだ。

これだけ伝えれば、相手は失敗する可能性は低くなるし、自信を持って作業ができる。仮に、失敗が起きたとしても、それは伝え方になにか落ち度があった自分の責任だろう。僕は相手に、「さっき言ったやろう」とは言いたくないのだ。

人に仕事を頼むときは、何となく頼んではいけない。着地のイメージや、「何のために、今この仕事を頼んでいるのか」までを伝えるのが大事だ。

失敗する頼み方には、成功や、着地のイメージがない。頼む側がイメージを伝えていないのに、受ける側がそれを実現できるはずないだろう。相手が「この人はこう着地させたいんだな」というイメージが描けるまで、頼む人は一生懸命説明しなければいけないのだ。

伝えることに時間をかけるのを、もどかしいと考える人もいるかもしれない。しかし、相手はひとつのことを深く理解できれば、他も次々と理解できるようになるだろう。

一方、簡単に済ませてしまう人は、相手が聞き間違いなどで失敗をし、その手直しに結局時間がかかってしまうのだ。

僕の「心配」は、つねに「起きて当たり前」という考え方が根っこにある。だから、一生懸命説明しながらもなお**「伝わらなくて当たり前」**という気持ちが頭を離れない。その心配が「わかるか?」に出てしまうのだ。

一生懸命伝えない人は、「これぐらい言ったらわかるでしょ」と思っている。だから相手が失敗したときも、「自分は言ったのに」と主張して、相手のせいにしてしまう人は多い。

しかし、一度「本当に相手の責任だろうか?」と考えてみてほしい。

自分の伝え方は正しかったのか。

相手が聞く態勢のときに、伝えていたか。

その説明は十分わかりやすいものだったのか。

人に頼むというのは、頼み事を相手に「届ける」という意味だ。それが届いていなかったのなら、頼んだ側に問題があったのだと、僕はいつも考える。

上司や先輩なら、下に任せた仕事の「途中チェック」を忘れないようにしたい。頼んだ仕事の失敗は、上司の責任だ。自分の手から離れた後も、どこかで相手への心配りを持っといてあげないといけない。その人の失敗を責めるのではなく、失敗しないように途中経過も見てあげる。それが上司の姿勢だと僕は思う。

なかには「自分でやるほうが手っ取り早い」と、人に仕事を任せられない人もいる。「ちゃんとしたい」という気持ちはいいのだが、人に任せて、その間自分もそれをずっと心配してあげることが苦手な人なのかもしれない。確かに、部分的に精度は上がるけれど、多くの仕事はできないので、こういうタイプは上に登ってはいけないのだ。

人に仕事を任せるのは、相手を褒《ほ》めるチャンスでもある。

「やってみせ　言って聞かせて　させてみて　ほめてやらねば　人は動かじ」

これは連合艦隊司令長官、山本《やまもと》五《い》十六《そろく》の言葉だ。

この言葉は、よく前田社長がおっしゃっていた言葉でもある。

僕もそのとおりだと思う。基本的に〝褒めたがり〟だ。

「よくできてる」と、いつでも褒めたい。褒めたいからできていないところを直してもらいたくて、注意をする。

仕事を任せ、それが達成できたらしっかり褒め、感謝する。

そうすることで人は成長していく。そのためにも、できるだけ失敗しないように、説明に時間をかけるべきだと思うのだ。

大切なのは自分のテンションを上げておくこと

気持ちが乗らない、何となくやる気が出ない。

もちろん僕にも、そういうときはある。そのときに無闇《むやみ》やたらに、目の前のものから手をつけようと思っても、やはりテンションは上がっていかない。

そんなときは、自分の気分が乗ってできる仕事から始めるようにしている。

仕事で、その日の「To do リスト」のようなものをつくっている人も多いだろう。気分が乗らないときに大きな仕事を進めようと思っても、なかなか集中できずにダラダラしてしまうこともあるのではないだろうか。

もちろん優先順位もあると思うが、自分が絶対にうまくできる簡単な仕事から手をつけたほうが、テンションは確実に上がっていく。

僕は年間で、およそ３００個近いお菓子のアイデアを考えている。ショコラについては1年間で80種ぐらいだ。

それらがそのまま形になるわけではない。そこから頭の中で、ずっと「ネタコンテスト」が開催される。そこを勝ち上がったアイデアで、実際の商品化に向けて試作・実験を繰り返していく。

そのアイデアの中にも、いろいろなものがある。

「さて、どれから手をつけるかな」というときに、僕はまずトントンと進みそうなアイデアからはじめることが多い。

そしていくつかのアイデアを形にして、「ああ、だいぶ終わったな」という心境になったら、じっくり取り組まないといけない、難しいアイデアに取り掛かる。

そういった難しいアイデアは、やはり思ったようにうまくは進まないから、途中でテンションが落ちかける。するといったんそのアイデアは脇に置いて、また自分のテンションを上げてくれるような、サクサク進みそうなアイデアに手をつけるのだ。

そうやって、**自分のテンションを上げる仕事と、そうでない仕事をうまく組み合わせながら、モチベーションを落とさないようにしている。**

気持ちが乗らないまま仕事を進めても、時間だけが過ぎていく。それなら気持ちが上向きになる仕事をやって、エンジンが全開になったときにいちばんの難題に取り掛かったほうが、結果的には仕事の時間も短縮できる。

たとえば、エクセルで数字を使う仕事が苦手な人は、報告や連絡、社内メールのような、文字を使う作業から始めるといいかもしれない。

ひとつの仕事をサッと終えれば、脳はその快感を覚える。その快感を重ねていくのが、テンションを上げるということなのかもしれない。

しかしそのためには、自分をよく知らなければならないだろう。

人は自分のことを知っているようで、じつはよくわかっていないもの。

野球でも、勝ち星を積み重ねる投手は、調子が悪いときなりの投球ができるという。つまり、自分の調子がよくないときに相手に勝つには、自分はどう投げればいいのかを知っているのだ。

自分は何を得意としていて、何を苦手としているか。

自分に何をさせれば、自分のテンションは上がっていくのか。

自分がどんな人間かがわかっていれば、コントロールしながら仕事を進められる。人それぞれ、テンションを上げる方法は必ずあるはずなのだ。

そこに心配事はないか？

ある寒い日の朝、店の駐車場付近の水たまりに、氷が張っているのを僕は見つけた。僕は以前、こういう水たまりの氷に足を滑らせて、骨を折った人を知っている。お客様に怪我《けが》があっては大変だから、すぐにその氷を割って処理した。さらに、近くにいたスタッフに、「こういう氷は熱湯をかけずに、割って処理しないといけないからな」と教えた。

そのときに、ひとつの心配事が浮かんだ。

僕は足を滑らせて骨を折ってしまった人の話を知っているから今の処置をしたが、他のスタッフたちにその経験はない。

もし僕の経験と、今日の出来事を伝えておけば、スタッフたちは氷の張った水たまりを危ないものだと考えてくれるだろう。そうすれば、お客様が危険な目にあわずにすむし、スタッフたちは危険箇所を共有しようという意識を身につけてくれる。

僕はすぐに、スタッフに言って社内通達をメールで流してもらった。

こういうとき、「水たまりに氷が張っていたら割るように」というだけでは、絶対に意識は共有できない。

「朝の気温がマイナスになるこの季節は、水たまりには氷が張っています！

水だと思っていつものように通ろうとすると滑って転んでしまう危険性があります。氷で滑って骨を折った、ということがないようにくれぐれも気をつけてください。

特に繁忙期に入っているこの時期、とにかく急いで走ることも多くなります。そんなときに怪我をして休んでしまうと、余計に周りに迷惑をかけてしまうことになります。

皆さん、いつも以上に気をつけていただきますようお願いいたします」

このように、「急いで走る」といった実際にありそうなシチュエーションを入れることで、読んだ人がリアルにその場面を想像できるような工夫をした。

そして「気をつけて」と繰り返し強調することで、水たまりを見るたびに「気をつけよう」と意識できるようになるだろう。

このように、**僕はつねに、心配事を探している。**店の中、店の周り、さらに言うなら自分自身にも、「何か心配事はないか？」としょっちゅう問いかけている。

心配とは、自分の中で「心を配らなければ」という蓋《ふた》を開けないと、なかなか徹底できない。中には「これぐらい、いいだろう」と閉じたままやり過ごす人もいると思う。しかし、その心配をしなかったことで、後から大きなツケが回ってくるケースもあるのだ。

バウムクーヘンは、結婚式に出席したゲストに贈る「引菓子《ひきがし》」に使いたいと、注文を受けることも多い。

エスコヤマのバウムクーヘンは、書籍のようなデザインのパッケージに入っていて、外箱には帯までついている。そのデザインに釣られて、袋に縦に入れてしまうケースが多いのだ。小山流バウムクーヘンはしっとりやわらかく仕上げているので、その入れ方だと形が潰れてしまう。

おめでたい席での引き出物が潰れてしまうのは縁起《えんぎ》がよくないし、潰れてしまったら参列者はエスコヤマに対しても「引菓子の扱いが雑だな」と思われるかもしれない。さらに形が潰れてしまうと、バウムクーヘンの味も損なわれてしまう。それをハレの日のお祝いの品として渡すわけにはいかないのだ。

だから僕は、式場にお送りする際に袋のサイズを確認したり、縦に保管してはいけないものであるとしっかり伝えるべきだと考えている。

しかしこれは、まだ徹底できているとは言えない。

心配になって、スタッフに式場側に確認したのかを尋ねると、「説明したので、大丈夫だと思います」と返事が返ってくる。けれども、それでは心配事は消えない。前日にもう一度確認のために電話をするぐらいのことをしなければダメだと考えている。式場が近い場合は、入れ方を実演しに行ってもいいだろう。

そこまでして、前始末ができたといえるのだ。

そうやって心配事を探すと、あらゆるものが気になってくる。

企画書や資料などをメールで先方に送る前、あるいは送った後に「メールで送ります

（送りました）」と電話で伝えるビジネスマンもいるだろう。そういう人は心配事をうまく活かしていると思う。

僕は心と熱さが伝わらないメールは大嫌いである。メールも万全なツールではなく、何かの拍子に届くのが遅れることもあるし、迷惑フォルダに仕分けられてしまい気づかない場合もある。ちょっとした心がけではあるけれども、小さな気遣いができない人は大きな気遣いもできないだろう。

やはり、普段から心配事を探す癖はつけておいたほうがいいのだと思う。

小さな成功体験を積み重ねる

「小山シェフの夢はなんですか？」

学校の講演会へ伺うと、よく子どもたちや大人の方々からもこういった質問を受ける。

こういう場面では、「僕の夢は……」と語ると子どもたちも喜ぶのだろうな、と思う。

けれども、**「僕には夢はありません。でも目標がいっぱいあります」**といつも答えている。

夢と目標、この2つは大きく違うものだ。

「夢」は日本語の辞書では「現実とかけはなれた考え。実現の可能性のない空想」という意味だが、英語の辞書では「理想、目的、目標」となっている。僕の考える夢は、英語のdreamに近い。

「私の夢は、30歳になったら独立してお店を持つことです」

エスコヤマの入社試験でも、そういう夢を語る人は大勢いる。

そういう人に僕はいつも、**「夢も大事やけど、目の前の仕事をひとつひとつできるようになっていくことのほうが大事なんや」**と話をする。

パティシエと聞くと、華やかな世界で優雅にケーキをつくる姿を思い浮かべる人もいるかもしれない。しかし現実はもっと地味で、もっと厳しい。同じ材料を刻み続けたり、果物の皮をずっとむいていたり、そんな地道な作業の積み重ねだ。

大きな夢を掲《かか》げている人は、そんな現実と描いていた理想のギャップの大きさで、心も折れやすい。**日々の小さな目標を達成する繰り返しで到達するゴール、それが夢だと**いうことに気づいていないのだ。

世の中の「夢」と呼ばれるものすべては、すぐに結果が出ない。

それでも諦めずに続けるには、夢を目標にして、細分化する方法がある。今日の目標、１週間後の目標といった、手が届くぐらいの目標を立ててクリアしていくのだ。その積み重ねがいつしか夢に到達するのではないだろうか。

エベレストに登りたいという目標を掲げている登山家は、普段は国内や海外のあらゆる山に登っている。高い山や険《けわ》しい山に何度も登って経験を積んでから、エベレストに挑戦するだろう。山に登らないときでも、普段の筋肉トレーニングは欠かさないはずだ。

それと同じで、目標にすればそのために普段は何をすべきなのかが見えてくる。


僕は飽《あ》き性だから、何をやるにも小さな目標を立て、小さな達成感をいくつも得ることで自分を支えている。達成感を味わえないとモチベーションはなかなか上がらない。

小さな成功体験を積み重ねることが継続の力になると、僕は考えているのだ。


どんな仕事でも小さな目標は立てられる。

たとえば昨日１時間かかった仕事を、今日は50分で仕上げようというのも小さな目標になる。営業件数を昨日より１件増やそう、という目標もあるだろう。そうやって自分の力を少しずつパワーアップさせていく。その積み重ねによって、最終的な夢というゴールにたどり着けるのだ。

すぐに結果や成果が出ないと諦めてしまう人は、目標の設定が大きすぎるのだ。できるだけ歩幅が大きくならないような一歩を設定したら、すぐに投げ出さなくなると思う。

これは、ある程度キャリアを積んだ人にも役立つだろう。

仕事ができるようになると、今までの経験則だけで乗り切れてしまうので、工夫やチャレンジをしなくなる。その結果、成長が止まってしまうのだ。

そういう人でも、小さな成功体験をするうちに再び成長できるようになる。惰性で仕事をするのではなく、毎日小さな目標を立てて、それをどう達成するかを考えながら働くのが、本当は理想的だ。

明日を書く、小山進の報告書

僕はハイジに勤めていた16年間、1日も欠かさずに報告書を書き続けていた。それは今でも僕の自慢だ。

ハイジで使っていたのは、罫線が引いてあるだけのシンプルな報告書だ。レポート用紙に近い。

最初は僕も普通に使っていた。

「社長、今日はこんな仕事したんですよ」という報告をしていたのだ。

午前中はこの作業をして、何時に休憩に入って……とざっと1日のタイムスケジュールを書き、「休憩に入る時間が遅くなると、その分午後の作業もずれこんでしまうので、○時には入れるようにしたい」といった感想も書いた。

あるとき、「そんな細かいこと、社長は読んでもわからへんやろうな」と気づいた。

そこで、今日1日の反省や、明日の予定を書くほうが自分のためになるのではないか、と思いついたのだ。

そこから、僕の報告書は進化していった。

26歳のころから、まず自分が書きたい内容でフォーマットをつくった（140〜141ページ）。報告書の左側には朝6時から夜22時までの1時間ごとのタイムスケジュールを書き込む欄と、その隣には気づいたことを書くためのメモ欄をつくった。

ここは単純に、「6時：カスタードクリームを炊《た》く、7時：朝出しのケーキの仕上げ」のように作業を書き込み、メモにはそれぞれの業務の中で気づいたことを書いていた。報告書は1日の終わりに振り返って書くので、思い出しながらだと何時間もかかってしまう。そこで、仕事をしながらメモを取っていた。これは報告書を書く前の「前始末」のようなものかもしれない。

タイムスケジュールの欄の下には、「明日やらなければいけないこと」を書く欄をつくった。

そして右側には、本日の売り上げ目標、昨年度実績、達成率の欄。数字に関しては、自分が店長だったので、年間の予算（売り上げ目標）から、その月の売り上げ目標を振り分け、さらに1日ごとの売り上げに落とし込んで、昨年の売り上げと比較しながらいくら、と設定していた。

その下には「本日の反省」と、「気づき・改善提案」の２つの欄を設けた。

これだけの要素を、１枚の報告書に盛り込んだのだ。

社長や上司がどこまで読んでくれたのかはわからない。どちらかというと、**自分自身への報告書**だろう。

１日ごとに自分の仕事を振り返り、整理し、明日の課題を見つけるという時間を１日に設けることで、自分を客観的に見つめ直す時間を持てたのではないかと思う。これが、「自分を知る」という習慣に結びついたのかもしれない。

最初のころはできていないことだらけだった自分が、確実にできるようになっていく過程を見て、ワクワクしていた。

明日の朝が待ち遠しくなる報告書になっていった。

三十代になり部下がたくさんできると、それまでの報告書では対応できなくなった。

それに合わせてフォーマットをつくり替えた（144〜145ページ）。

タイムスケジュールの横には、自分の業務で気づいたことを書くメモ欄ではなく、

本日の売り上げ目標	昨年度実績	達成率（%）

年間計画から1日の売り上げ目標を設定。達成率を1日ごとに振り返る

本日の反省

気づき・改善提案

社長	担当

明日への課題を見つける

20代のころの報告書（明日への課題を明確にした）

報告書　　月　日（　）

	本日の仕事スケジュール	メ　モ
6:00		
7:00		
8:00		
9:00		
10:00		
11:00		
12:00		
13:00		
14:00		
15:00		
16:00		
17:00		
18:00		
19:00		
20:00		
21:00		
22:00		

1日の仕事を振り返る

明日やらなければいけないこと

「各担当者の業務計画」を時間ごとに書いていった。

「計画」というからには、前もって立てておかなくてはならない。この段階で報告書は1日の終わりに振り返って書くのではなく、前日の終わりに翌日の予定を書く**「明日のスケジュールの報告書」**になっていたのだ。

部下ごとに「A君にはまずこの作業をやってもらって、それが終わったらこれをやってもらう」という感じで、仕事を時間ごとに振り分けていった。こういう振り分けを頭の中でやっていたら、途中でわからなくなるかもしれない。前日に振り分けておけば、それにそって進めればいいので、スムーズに進む。

それに伴い、自分のタイムスケジュールも前日に考えておく「明日のスケジュール」になった。

明日やらなければならないこと、売り上げ目標などの数値、気づきや改善提案などの欄は元のフォーマットのままだ。

それ以外に売り上げが達成できた理由・できなかった理由・今後の具体的な対策や、スタッフの成長の進捗《しんちょく》度を社長に伝えるための報告を書く欄などを新たに設けた。

このとき、自分自身の反省だけではなく、チームとしての反省も書くようにした。

ただし、部下に伝えるのがうまくいかなくて部下が失敗したような場合は、自分の反省点として書く。立場が上になるにつれ、反省点はどんどん増えていった。

僕はそのころ、製造部にいて、奥に厨房を構えた店舗に入っていた。

パン屋さんなどをイメージしてもらうとわかりやすいのだが、厨房付きの店舗は、販売と製造のチームワークが命だ。

たとえばお客様の数がピークになる前に商品をずらっと補充したりするのも、店内の様子がわかっていないとできない。販売は販売、製造は製造と分かれてしまうと、店のピークの時間帯に主力商品が品切れになるという事態も起こる。

販売と製造の橋渡しをして、店頭を意識しながらケーキをつくるのが、店が繁栄するカギだ。僕はその役割を担《にな》っていた。

だから反省にも「製造」目線の反省と、「販売」に関する反省が出てくる。

「この時間、供給量が間に合わず、売り上げが達成できなかった」となると、これは販売目線の反省になる。製造目線の反省は、「作業がスムーズに進まず、予定の量を予定の時間で補充することができなかった」となるのだ。

責任の所在をあぶり出すためではなく、ちゃんとした理由をあぶり出すために、報告

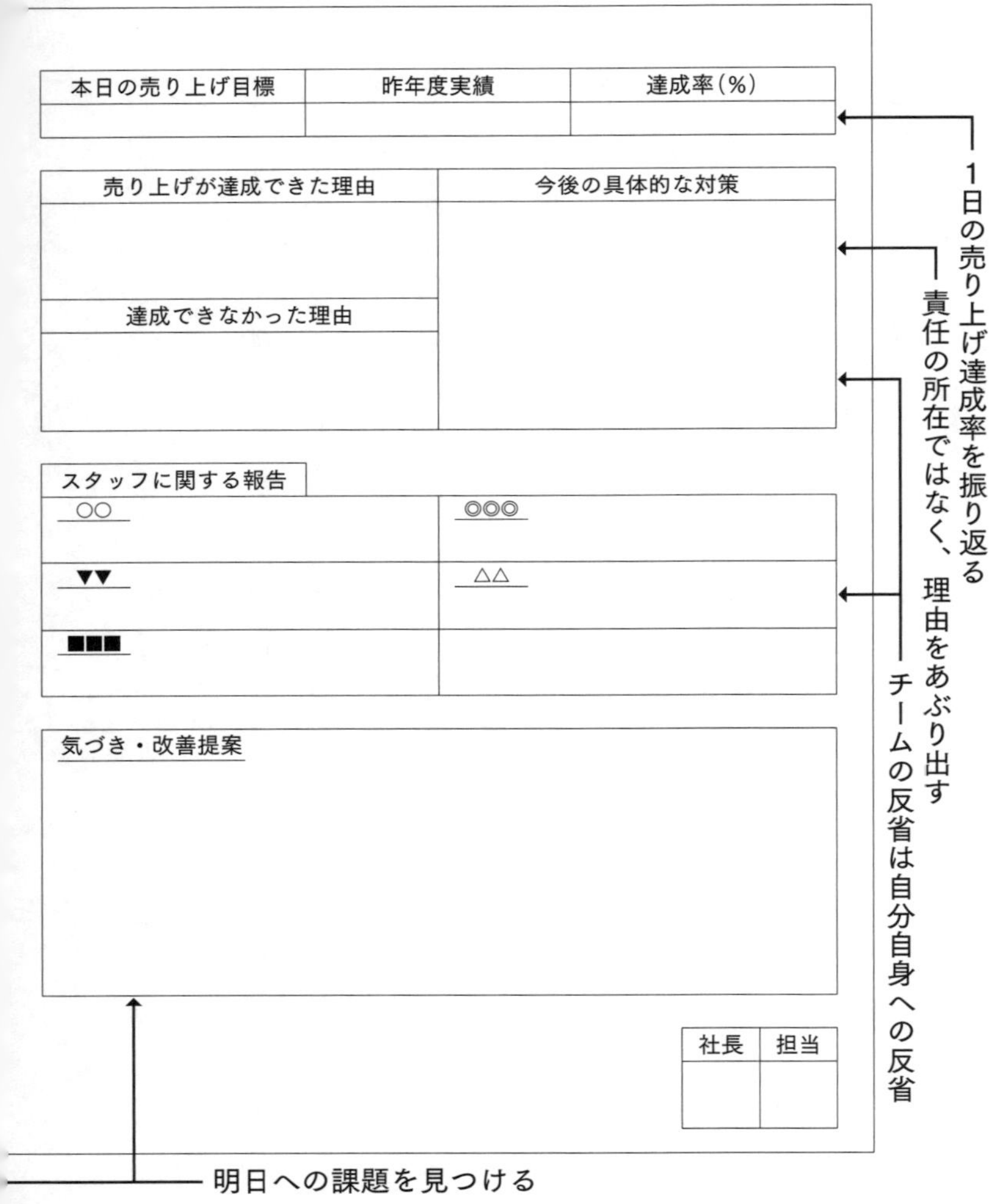
本日の売り上げ目標
昨年度実績
達成率（%）
売り上げが達成できた理由
今後の具体的な対策
達成できなかった理由
スタッフに関する報告
○○
◎◎◎
▼▼
△△
■■■
気づき・改善提案
社長
担当
1日の売り上げ達成率を振り返る
責任の所在ではなく、理由をあぶり出す
チームの反省は自分自身への反省
明日への課題を見つける

30代のころの報告書（チームリーダーとなって）

報告書　　　　月　　日（　）

	仕事スケジュール	各担当者の業務計画				
		○○	▼▼	■■■	◎◎◎	△△
6:00						
7:00						
8:00						
9:00						
10:00						
11:00						
12:00						
13:00						
14:00						
15:00						
16:00						
17:00						
18:00						
19:00						
20:00						
21:00						
22:00						

明日やらなければいけないこと

明日のスケジュール

スタッフの業務計画を書く

書で書く内容はどんどん細分化されていった感じだ。

そして翌朝、厨房内のホワイトボードに、部下のその日のタイムスケジュールを書いていった。

ただ、これだけではその時間内に業務が終えられたかどうかがわからない。そこで、担当者ごとに磁石を色分けしてたくさん用意しておく。そして業務内容を書いた横に担当する人が磁石を置き、終われば磁石を外し、なくなればその日の仕事が終わっているという仕組みにしていた。この方法は、磁石がどんどんなくなるのが目に見えてわかるので嬉しくなり、どんどんみんなもノッてくるのだ。

すると次第に、部下たちが自分の1日の業務内容をホワイトボードに率先して書くようになっていったのだ。**報告書を変えたらみんなの行動を変えることに繋がり、あれはとても嬉しい経験だった。**

報告書のフォーマットは、職務や職責によって進化していくべきだと思う。会社に入ったばかりの新人と、部下を持った上司が、同じフォーマットで報告しようというのが、そもそも不自然なのだ。そして、会社から与えられてやるのではなく、自分のレベルと役割、そしてなりたい自分を踏まえてカスタマイズした報告書になると、自分の成長に繋がるのである。

報告書で明日をワクワクして待つ

エスコヤマにも、報告書はある。

ハイジで独自のフォーマットをつくった僕のことだから、相当ピシッとした報告書を提出させているのでは、と思う人もいるかもしれない。

じつは、エスコヤマで使っている報告書は、もともとハイジで使っていたのと同じだ。罫線が引いてあるだけの、シンプルなフォーマットなのである。

なぜなら、報告書のフォーマットは人に決めてもらうものではなく、自分で決めてつくるものだからだ。

今のところ、フォーマットを独自にアレンジするスタッフはいない。報告書をどう活かすかは自分で決めることなので、そこまで僕も口出ししないようにしている。

前著でも紹介したが、僕はスタッフ全員の報告書を毎日チェックし、必要があれば必ず添削もしている。しかし、毎日の報告に何の変化もないスタッフには何のコメントも書かない。

なかにはびっしりと書いてくるスタッフもいる。

パン屋のサンドウィッチ担当者が、ハンバーグの仕込みをするときに以前上司に教えてもらった際のメモをなくしてしまい、作業をうろ覚えのまま進めて間違えてしまった、と報告してくれた。

「私は何か都合が悪いことがあるとすぐにごまかそうとしてしまい、もっと簡単な改善策があるのに墓穴を掘ってしまいます」と反省の弁を述べていたので、僕はこうコメントした。

「何歳になってもうまくいかない人のほとんどは、ずるい人間です。だから人に守ってもらえない。なぜなら、自分で自分を守ろうとするからです」

あえて厳しい言葉を並べる。深く反省しているときこそ、言葉は響くと思うからだ。

報告書を書く目的は、渡す相手を喜ばせることではない。

自分自身に問いかけて、今日の反省を振り返り、明日に向かう行動指針を自分に与えるために書くものなのだ。

つまり、今日起きたことを報告するために書くのではなく、今日を振り返って「ここはこうしたほうがいいんじゃないか」「明日こうやってみます」と気づいたことを宣言する。そこまでいかなければ、報告書を書く意味は半減してしまうのだ。

僕にとって報告書は書かされるものではなく、**決意表明**のようなものだった。

今日の反省を振り返って、明日に向かう行動指針を立てる。そして自分自身に、「明日はこれでいくぜ、俺は」と言い聞かせるのだ。

もし、よくある報告書のように「今日はケーキを○個つくりました」「お客様とこんなトラブルがありました」と業務報告で使うだけなら、きっとあっという間に飽きていた。反省をして、目標を立てるために書いていたので、毎日楽しめたのだ。だから「めんどくさいなあ」と思ったことはない。

「明日、絶対ここで成功させよう」「明日まずこれからや」と目標を立てているうちに、ワクワクしてきて、その気持ちのまま床に就いていた。

だから僕はスタッフにも、**明日を楽しく生きるために報告書を書いてほしい。**

僕のためではなく、自分のための報告書。そうして明日が来るのをワクワクしながら、その日を終えてほしいのだ。

たとえば、よく遅刻する人は「明日何をしたいか」という行動指針がハッキリしていないのではないだろうか。

今日の反省を活かし、明日の課題や予定を組み立てて1日を終えていれば、「明日遅刻したら、躓《つまず》いてしまう。自分の立てた目標が達成できない」という思いも湧く。

明日の自分のイメージがないと、明日が来るのを楽しみには待てない。だから寝坊したり、遅刻してしまうのだろう。

明日をワクワクして待つためにも、報告書はいいツールになる。皆さんにも、ワクワクするような報告書を書いてみるのをお勧めする。

第4章

歩き方ひとつが「自分ブランド」

ロジラの中にあるセミナールーム「アジト」は、つねに「自分が飽きないお店をつくりたい」から生まれた。それは「自分商店」も同じ。つねに飽きない「自分商店」でありたい

「弱点の蓋《ふた》」は開いているか?

なぜ、エスコヤマには案内板がないのか？

僕はよく、自分をひとつのお店、「自分商店」だとたとえる。

そのお店に並べられる商品は、とても多彩だ。

仕事を始めたばかりの人は「自分のウリになる商品なんてまだひとつもない」と思いがちだが、僕はそうは思わない。それに気づいて努力をすれば、自分商店の商品ラインナップはいくらだって開発できるのだ。

いくつか例を挙げてみよう。

たとえば、エスコヤマの広い敷地内には、案内図を示した看板を設置していない。それはなぜかというと、自分自身を〝生きた案内図〟だとスタッフに思ってもらいたかったからだ。そして気の利く人間を育て、それを自分のオリジナリティにしてほしいと思ったのだ。

案内板があったり、ケーキのプライスカードに商品説明が事細かく書いてあるのは親切で完備されているイメージがあるだろう。けれども、裏を返すと販売員やスタッフが自分たちがお客様に説明しなくてもいいと思ってしまうことにもなるのだ。「自分たちでやらないといけない」という意識を抱かせるために、わざとやらないことをつくるのも僕にとっては重要である。

たとえばお客様に「トイレはどこですか？」と声をかけられたとする。

そのときに「あっちです」と指をさすだけでは、「なんか無愛想《ぶあいそう》だな」とお客様は感じられるだろう。これではせっかくの自分商店の商品を増やすチャンスを逃《のが》してしまう。

次に、「そこの道路を突き当たったところを左に折れて、駐車場の入口にあります」と口頭だけで説明する。この方法でもいいのだけれども、自分商店の商品にするほどのインパクトはない。

どのスタッフも敷地内を移動しているときは目的があって行き来しているのであって、その瞬間瞬間忙しい。それでも、「こちらです」とお客様をお連れすれば、お客様はそのスタッフとのやりとりを記憶に残してくださるだろう。同時に、そこまでやるスタッフはきっとその瞬間を楽しめているはずだ。それが自分商店のラインナップが生まれた瞬間なのだ。

さらに言うなら、キョロキョロしているお客様がいらしたら、自分から「どうされましたか？」と尋ねてみる。これは、自分商店が一気に人気店になるようなものだ。

もし案内図を最初から設置してしまったら、お客様の様子を観察しようとする気持ちが弱くなるのではないか、と感じていた。やはり、エスコヤマはお菓子を売るだけのお店であってはいけない。物語を生んでお客様に提供するためにも、お客様とスタッフが接する場をつくっておくのも大事だと考えていたのだ。

ただし、最近はスタッフも積極的にお客様をご案内できるようになってきたので、お客様によくここまで待ってくださったことに感謝し、そろそろ案内板をつくろうと考えている。


挨拶《あいさつ》ひとつとっても、僕はそれを自分商店の立派な「商品」だと思っている。どんな仕事でも、元気な挨拶は絶対に大事だ。僕の挨拶の指導はとにかく、**「自分をよく思ってもらえるような挨拶をしなさい」**という1点。

もちろんそれだけでは足りないから、お辞儀《じぎ》の角度などのマナーは、プロの先生にお願いしてご指導いただいている。僕は、そのマナーに乗せる、気持ちのほうを教えているのだ。

「まだケーキはつくれないかもしれないけど、『いらっしゃいませ、こんにちは！』って元気が伝わったら、君の働いてる場所を訪ねたくなるような人が絶対いるはずや」

僕は真剣に、新入社員にもそう伝えている。

お客様に、「この店員さん、挨拶がステキだな」と思われれば、それはセルフプロデュースに成功したことになるだろう。

そんな挨拶の仕方を身につければ、自分の一生の財産になる。他の人に教えることもできるだろう。それがひとつの自分の得意分野になるのだ。そうやって自分商店の商品は増えていくものだろう。

仕事の中には、マニュアルがあるものも多いはずだ。それを無視することはできないし、僕はマニュアルがダメだとも思わない。

しかし、その根底にある意味を考えずに、ただマニュアルを覚えているだけでは、相手に気持ちは伝わらない。

お客様に案内をするのも、挨拶をするのも、ホスピタリティのひとつだ。

ホスピタリティは「心からのおもてなし」というような意味の言葉で、これはあらゆるビジネスにとって大切だろう。つくった製品やサービスでお客様を喜ばせるのは、基本中の基本。さらにそれを上回るホスピタリティがあって初めて、お客様は感動するのだと思う。

僕が「疲れた」と言わない理由

中高一貫教育をしているある学校で、講演会に呼んでいただいたときのこと。

質疑応答の時間になって、中学1年生の男の子が手を挙げた。

「たとえば、『みんなでドッジボールをやろう』となったときに、『俺は本を読んでるから参加しないよ』と言う子がいたら、小山シェフならこんなとき、どうされますか？そういうことは、小山さんの会社でも起こることなんですか？」

この質問に、僕はとても感心した。

そこに年齢はまったく関係ない。その男の子は、自分よりも人のことを考える立ち位置にいるのだ。

「リーダーとしての考え方を持っている子やな」と強く感じた。

そこで、僕は、

「すごくいい質問やね。仕事はほとんどがそういうことの連続なんや。僕の店では自分でエンジンをかけてやれる子、つまりしんどいときでも自分で自分のテンションを調整できる人は１割ぐらいで、後の子はまだまだ自分本位で人にぶらさがっている。それは、みんな自分がやっていることで精一杯だから。組織やチーム全体をよくしようとしている人は、みんなのことを考える。でもこういう人はほんとに少ない。組織の中にいる人は、運営の側にいるか、運営側にぶらさがっている人に分かれてしまうけれど、あなたは運営する側にいるね」

と伝えた。

すると、その子はこう話した。

「僕は、まずはその子のことを理解しなければいけないなと思って、一緒になってその子の好きな読書をやってみたんです。それでも参加してもらえないんです」

「そういうあなたの行動は、みんなに伝わっている。クラスのみんなが変わるとその子もきっと変わっていく。だから焦らないことだね」

僕はこう答えながら、彼はリーダーとしての心配心を持っているのだと感じた。そして同時に、この中学1年生の彼は、自分が期待された立場にある点をしっかりと自覚しているのだ。

僕もよく、自分の部下に言う。

「あなたが、もし僕に期待するなら、自分も後輩に期待されてることを、絶対に忘れないでほしい」

皆さんは、愚痴《ぐち》をこぼしたり、泣き言を言っている上司の姿を見たくはないだろう。同じことを、皆さんの部下や後輩も思っているのだ。

「あぁ、しんどい」「やってらんないな」

そんな言葉を吐いて、部下や後輩をガッカリさせてはいけない。周りがそんな愚痴をこぼす人ばかりであっても、そこに流されてほしくないのだ。

僕も、部下をガッカリさせたくないから、歩き方まで気を使う。

僕が猫背で「はあ〜、疲れたわあ」とぼやきながらトボトボと歩いていたら、職場全体の士気はがた落ちだろう。

みんなが期待しているとわかっているから、普段から背筋を伸ばして、ちょっとだけ早歩き。いわゆる「シュッとした」イメージで歩くように心がけている。

人は必ず、誰かの期待を受け、行動を見られている。

それを意識できれば、普段の小さなことからひとつひとつが変わってくるのだ。

歩き方も「自分ブランド」

２０１４年の8月、敷地内に「小山菓子店」という小さな店をオープンした。「MATTERU～牛乳菓　マッテル～」というお菓子だけを売るお店だ。

オープン前に店の様子を覗《のぞ》きに行くと、カウンターの中の包装台に、ラベルプリンターなどを印字するためのパソコンが置いてあった。

パソコンの画面には、おなじみの青地に4色の旗が描かれている初期状態の壁紙が使われていた。しかし、そこにパソコンを置くならば、小山菓子店のロゴマークを壁紙に使わなければ店の雰囲気が損なわれる。僕はそう思い、スタッフに指示した。

僕は、僕たちがつくっているブランドが、お客様の期待を受けているのだと強く意識している。

誰も壁紙まで見ないかもしれないが、もしたまたま目にされたお客様がいたら、急に現実に引き戻されてしまう。ディズニーランドのように、エスコヤマにいる間は別世界に来ているような気分を味わっていただきたいのだ。

ディズニーランドは、園内を歩くスタッフの、落ちているゴミの拾い方までがひとつのエンターテインメントになっており、それがツイッターなどで話題に上る。

もし「僕はただの従業員ですから」という意識で、ただゴミを回収していたら、そこだけディズニーの世界に穴が空いてしまうだろう。そこまでブランドに対する意識が徹底されているから、ディズニーの世界は色あせずに、長い間守られているのだ。

皆さんも、自分自身をひとつのブランド、ひとつのデザインだと考えてみよう。

猫背でダラダラと歩いていて、自分が「こうありたい」と思う理想のブランドになれるだろうか。

愚痴ばかりこぼしていて、自分のブランドはみんなにどう見られるだろうか。

歩き方、立ち振る舞い、声やしゃべる内容。いろいろな要素が、皆さん一人一人のブランドをデザインしているのだ。

それを確立して初めて、「リーダーとしての立ち位置」を手にできるのだと僕は思う。

それはたとえ新入社員であっても、同じである。

最初に話した中学生の子も、周りには年上の先輩がたくさんいる。後輩の立ち位置で振る舞うのは簡単だろう。しかし、彼の立ち位置、目線はすでに先輩だ。

「いつもかっこよくしていてくださいよ！」

「〝俺に任せておけ〟って言ってくださいよ！」

僕で言うと、「おいしいお菓子、作ってくださいよ！」。

きっと誰もが、誰かにそう思われているのだろう。

その期待を放っておいては、「自分ブランド」はいつまでも洗練されない。人はみんな誰かの先輩であることを、僕は意識してもらいたいのだ。

「愚痴を言わない」「相手の期待値を超える」は当たり前で大事なこと

僕がハイジに入ったとき、いい先輩もいたけれど、残念な先輩も大勢いた。

「ああしんどい。やってられんな」

そんな文句をブツブツ言いながら働かれると、こちらまでしんどくなってくる。

「それ聞いとるだけでしんどいんですよ」と先輩にハッキリ言ったこともあった。

「うわー、コレめちゃめちゃおいしいな」とか「いや、めっちゃ早いことできてラッキーやったな」とか、僕はそういう元気な姿を先輩には見せてほしかった。

ハイジに入った19歳の僕は、そんな先輩たちを見て「僕はお菓子はまだつくれへんけど、自分のほうが上のところもある」と思っていた。

小山家で育って、母や父が僕に教えてくれた、スタンダードレベル。それはお菓子づくりの技術とは関係ない、人の根っこを支える姿勢である。そこで勝てる、と思ったのだ。

「僕やったら、全速力でいく」「僕やったらもっと大きい声出して返事する」「僕やったら絶対愚痴言わへん」「絶対人の悪口言わない」。そういう人としての生き方を、両親は僕にしっかり教えてくれていた。

ハイジの前田社長は、とてもユニークでおもしろい人だった。僕にはその「前田商店」がとてもおもしろいお店に見えた。

僕は前田社長がおられたから、ハイジで頑張れたと言える。前田社長をお手本として、周りの残念な先輩を反面教師として、学んできたのだ。

こうして僕は、お菓子をつくりながら「お菓子をつくることだけが大事じゃないんだな」と感じてきた。

人の中に普通に流れている、普通のこと。それが大事だと僕は思うのだが、実際この部分が足りない人はとても多い。

仕事や生活に不満を持って愚痴をしょっちゅうこぼしていたり、人の悪口を平気で言ったり。そういう、人として大事なことをないがしろにしている人は、どこに行ってもうまくいかないだろう。

やはり人をよく褒める人のほうが、人に褒められるし、元気な人のほうに人は集まっ

てくる。やるときは全力でやって、遊ぶときは遊ぶ。そんな当たり前のことができる人が、周りに好かれていくのだ。

そしてもうひとつ、僕がいつも持っているのは**「相手の期待値を超えたい」**という気持ちだ。

僕は仕事中、先輩が休憩時間に入ったときほど燃えた。

「先輩が帰ってきたら、びっくりするぐらいまで仕事進ましとったろ」と、先輩の驚く顔を思い浮かべてワクワクしていた。

掃除ならピカピカに終わらせておく、予想を超える量の食器を洗い終えておくなど、そうして自分の記録をどんどん更新する楽しさを僕は感じていた。

そのときから僕は、**一生懸命やっても、相手の期待を超えられなければ自分も喜べないのだ**と知っていた。

一生懸命やっても、完成形が低いレベルで、相手が驚いたり褒めたりできなければ、僕は高い場所には登れない。自分のスタンダードレベルを高く持って、人の期待値を超えた働きをしたときに、自分を含めたみんなが喜ぶような、すごいレベルのものが生まれるのだ。

世の中には努力をしている人は大勢いるけれど、努力がゴールになって、満足してしまっている人もたくさんいる。**努力は結果を生み出すための一過程である**ことを、忘れてはいけない。どうせやるのだったら、もっとそれを好きになるために、もっと上手になって結果を出さなければいけないのだ。

僕はよく小さい子に、「大好きなことって、何や?」と質問する。

相手もいろいろ考えて「ピアノ」とか答えてくれる。

「ピアノか。ピアノやったらクラスで一番上手?」

「ううん、一番じゃないと思う」

「じゃあいっぺん、一番上手になってみようよ」

「うん、じゃあ今日帰って練習する」

そして一番上手になって自信をつけたら、その子はピアノぐらい他のことも「もっと上手になろう」と思えるようになるだろう。

いま僕は、大勢のスタッフとともに働いている。

なかには、未熟なスタッフもまだまだいる。僕は彼らの上司だから、彼らを何とか好かれる先輩、憧れる先輩にしてあげたいと思っている。

愚痴を言わない。相手の期待値を超えて、驚かせる。

そんな当たり前ができる、カッコイイ先輩を増やすために、僕はこれからも努力し、自己ベストを更新し続け、一生懸命彼らに伝え続けていく。

自分商店の開店時間、閉店時間

繰り返しになるけれども、人はみな「自分商店」の店長であり、自分というブランドのデザイナー兼オーナーだ。その商店は、当然自分で盛り上げていかなければいけない。

最近、その商店の開店時間、閉店時間が意外に重要で、意外に人が気づいていないことだと感じている。

人は相手がお客様のような存在であるなら、自分なりに「自分商店」を開けて、その人をもてなすだろう。しかし、スタッフや家族のような身内の場合、少し油断してしまいがちだ。

たとえば家族。家族の前では気を抜いていたい気持ちが確かにあるかもしれない。

僕はなるべく家に帰ってもダラダラした姿を家族に見せないようにしている。「家に帰ったら閉店」と思っていると、疲れて不機嫌な顔を見せてしまうかもしれない。だから、家では看板を掛け替えて、父親や夫としての自分商店を開くのだ。

この年になって気づけたことであり、若いころはできなかったことだ。不思議なことに、家でも自分商店を盛り上げようと頑張っていると、家族から「ゆっくり休んでいれば？」と優しい言葉をかけてもらえるのだ。人は自分で勝手に商店を閉めてしまうから、周りから「お店開けなよ」と言われてしまうのだろう。

つまり、**人の前にいるときは、つねに「自分商店」の開店時間なのだ。**

閉店は、自分が一人になったときに、初めてするもの。そう考えると、身内に対しても態度は自然と変わってくる。

彼氏と彼女が一緒に休日を楽しく過ごすときも、お互いが商店を開けていたら、絶対にうまくいく。でもどちらかが「しんどいし、休みの日くらい商店閉じたいな」と思ってしまうと、途端に気持ちがズレてしまうのだ。

体が休まっていても、相手が怒っていたら、心は当然休まらない。しかし、自分商店を開けて話したり、相手の話を聞いたりしていると、自然とそこにはいい空間が生まれる。それは精神的にも心地いいので、結果として心も休まるのだ。

忙しい上司は、部下が仕事の相談を持ちかけても、つい「後にして」「自分で考えろ」と突き放してしまう。仕事が終わるとオンとオフを切り替えて、質問に対しても「明日聞いて」と断わってしまう人がいるだろう。

しかし、上司は部下を指導するのも仕事であり、それが上司の持つべき大事な「商品」だ。だから、どんなに自分の仕事で忙しくても、部下のために時間をとらなくてはならない。

「いつでも言って来い。僕が何でも答えてやるよ」

そう言ってくれる上司がいたら、相手はどんなに心強く感じるだろう。

忙しいときでも面倒がらずに、忙しいときこそ一生懸命、自分商店を開ける。

自分商店の閉店時間をちょっと遅らせて、相手を考えた営業ができれば、今よりもっと「自分商店」は人気店になっていくと僕は思っている。

コミュニケーション力はあらゆる仕事の基本

皆さんの中にも、僕のようにお菓子をつくるのが大好きで、将来独立を考えている人がいるかもしれない。

独立を考えている方は、ケーキをつくる上で一番必要なのは何だと考えているだろうか。

厳選された材料、おいしいケーキ、おしゃれなデザインの店構え、それにふさわしいロケーション。いいものを揃えれば、お客様は選んでくださる。そう考えてはいないだろうか。

確かに少し前までは、そういう考えでよかったかもしれない。けれど、今の時代はそれでは店はうまくいかないと実感している。

今お店で一番必要なのは、**トータル的な「楽しさ」**ではないだろうか。そのためにはお客様とのコミュニケーションも大切になる。

たとえばお客様がお店に入られたときに、「いらっしゃいませ」を言わないお店はないだろう。

この一言をとっても、いろいろある。マニュアルどおりに言っても、声に感情がこもらないし、歓迎の気持ちは伝わらない。もちろんお客様にも、マニュアルで言っているだけなのはわかってしまう。

お客様の顔を見て挨拶をする。そして「暑いですね」「今日から新作ケーキが始まってますよ」と、声をおかけする。そんな小さなやり取りが、楽しさを生むもとになるのだ。

自分がオーナーや社長なら、それも自然にできるかもしれない。

問題はスタッフや社員にいかにわかってもらうか、やってもらうか。スタッフや社員にはそれが大切で、自分自身の一生の財産になると気づいてもらわなくてはならないだろう。

ただし、強制してやらせても身にはつかない。自分で「やりたい」と思うように、いかにメリットがあるのかを教えなくてはならないだろう。

オーナー自身でコミュニケーションが苦手な人は、「スタッフに任せるからいい」と思うかもしれないが、オーナーになったらそれは許されない。

自分ができていないことを、スタッフができるようには当然ならない。お店の長がお手本なのだから、オーナーがコミュニケーションを軽んじていたら、そういうスタッフが増えていくだけだろう。

さらにスタッフとのコミュニケーションも、オーナーにとって大事な仕事だ。なかには「自分一人で店をやるからいい」と考えている職人肌の人もいるかもしれない。しかし、店が軌道に乗りだしたら、製造も含めてスタッフは必ず必要になる。**リーダーはみんなの働くモチベーションを上げたり、みんなを楽しませたりしなければいけないのだ。**

僕も、スタッフには楽しく働いてもらいたいから、冗談も言うし、出先でおもしろい出来事があったら、すぐにスタッフに電話して、「ちょっと聞いてくれ、今、おもろいもの見たで」となんでも話してしまう。新たなインスピレーションを求め、スタッフを海外研修で引っ張りまわしたりもする。

自分自身が「ほんと、あの人すごくおもしろいなぁ」と思っていただけるような人間でなければ、スタッフたちはすぐに離れていってしまうだろう。

店を持ちたいのなら、ケーキをつくれるという標準装備だけでは足りない。ケーキ屋の僕が言うのもおかしいかもしれないが、ケーキをおいしくつくれることは、楽しみの一部分だと思っている。大きな柱ではあるけれど、柱一本だけでは全体は成立しないのだ。

お客様が何度来ていただいても「やっぱり、おいしいし、楽しいな」と思えるお店でなければ、選ばれ続けないだろう。

僕はつねに**「自分自身が飽きないお店にしよう」**と考えている。

「楽しさ」とは、飽きない要素がいっぱいあることなのだ。

そのためには、店の内装も季節ごとに変えるような工夫が必要だし、コミュニケーションも飽きない工夫のひとつになる。

だから、お客様に楽しんでいただく要素は、たくさんでなければならない。スタッフの成長や、お店の庭の木、カフェで使うベーコンを自家製にしたり、お客様を引き付ける引力がたくさんあるお店が一番楽しいに決まっている。

コミュニケーションも相手によって変える工夫は必要になる。

とはいえ、饒舌《じょうぜつ》に話す必要はない。ほんの一言二言でもいいので、目の前のお客様との時間を大事にして、気持ちのやり取りができるオーナーを目指してもらいたい。

自分の弱点の蓋《ふた》を開ける

どんな人でも、完璧ではない。弱点、欠点、短所というものがある。

しかし一番いけないのは、その弱点に蓋をしてしまうことだ。

「弱点に蓋をする」というのは、自分の弱点に薄々気づいていながら、目を背《そむ》けて、それを直そうとしないという意味だ。わかっていながら本気で直そうとしない。どうせ直せないと思っている人は、じつは多いのではないだろうか。

僕は、スタッフの弱点は「お前はここを直せばもっとよくなるのに」といつも伝えている。何回でも何十回でも伝える。本気で「変わってほしい」と思っているからだ。それでも蓋をしたまま、お店を去るスタッフも残念ながらいる。

自分の弱点から目をそらしてしまう人は、素直な気持ちになって、周りの人の言葉を受け止める習慣をつけるべきだと思う。

上司にいつも「お前はミスが多い」と言われているならそれが弱点だし、家族から「あなたはいつも話を聞かない」と言われるなら、それが欠点なのだろう。

それを言われたときに「うるさいな」と受け入れない人も多いけれど、それでは蓋は閉じたままになってしまう。

弱点の蓋を開けるのは、確かに大変だ。

人づきあいが苦手な人が、「もっとコミュニケーションをとったほうがいい」と弱点を指摘されても、そう簡単には直せないだろう。

自分の弱点に蓋をしても、今日は何とかなるかもしれない。今を楽しく送るために、弱点から目をそらせたくなる。

しかし先送りしていると、問題はどんどん大きくなって、どんどん修正しづらくなってしまう。

蓋を閉じて、弱点をそのままにしておけば、当然、自分商店の商品は弱くなるから流《は》行《や》らない。人が集まってこないのだ。

弱点の蓋を開けるには「弱点を直視する」という意味と、「自分の弱点をさらけ出す」

という意味がある。

弱点を直視して、自分でできるだけ直そうという努力は必要だ。それでもなかなか直せないから「弱点」ではあるのだけれども、少しずつでも直そうと意識するのが大事なのだ。

じつは僕は、片付けが苦手だ。これは性格上のものかもしれない。もちろん直そうとしているけれど、片付け上手な人には到底おいつけない。周りに協力してもらいながら、手伝ってもらいながら、いつかその弱点が克服できるように、自分の中で意識していることのひとつだ。

周りの協力を得るためには、今の自分はここが苦手なのだとみんなにさらけ出さなければいけないだろう。

人に弱点をさらすのは難しい。けれども、上司や先輩であっても、完璧である必要はないのだ。

偉そうなことを言うよりも、

「俺これ苦手だから、みんな助けてくれよ」

と言えるリーダーのほうが、仲間は慕《した》ってくれる。

だから、人の前で弱点の蓋を開けていいのだ。一人でなかなか開けられない蓋なら、周りの人にも手伝ってもらえばいい。せっかく蓋を開けても、また閉じそうになったら、周りの人にストッパーになってもらえばいい。

そうやって蓋を開けたら、気持ちもずいぶん楽になる。

今蓋を開けなければ、重い重い蓋になり、さびついて気づけば二度と開けられなくなるだろう。そうなると周りの人も手を貸してくれない。僕はそんな人を大勢見てきた。

弱点から目をそらしても、本当は生きていける。しかし、そういう人は多くの人の役に立てる人間にはなれないのだ。

今、思い切って蓋を開けるか、先延《の》ばしにするか。

迷っているのなら、今が開けるタイミングだ。きっと思っていたより蓋は軽くて開けやすいのだとわかるだろう。

第5章
会議室からは生まれない

「思いを伝えたい」「心を配る力」が人気商品を生む

「これを届けたい」という想いから商品は生まれる。養老牛のミルクの味わいに感動して「養老牛プレミアム小山ぷりん」は誕生した。完全放牧で養老牛を育てる「山本牧場」を訪ねて

エスコヤマの朝礼は2つ

エスコヤマでは毎朝、朝礼が2回行なわれている。

ひとつ目は部署ごとの朝礼。2つ目が僕の仕切る朝礼だ。

部署ごとの朝礼では、製造部の朝礼は朝の6時半くらいから、販売部は9時25分ごろから始まる。この朝礼では、部署内の連絡をはじめ、僕の朝礼の話で「伝えなければ」と思った内容をスタッフが自分の言葉で伝えたり、マスコミで紹介されるという通達、団体のお客様の情報などの連絡を行なう。

僕が仕切る朝礼は、8時50分ごろに行なわれる。基本的に参加は自由だ。一般的な朝礼のようにスケジュールを通達したり、一人ずつスピーチをするような場ではない。基本的に僕が話をするだけだ。

たとえば、僕が連載している雑誌「味の手帖」の取材で行ったお店で、後日「料理のことを追加で教えてほしい」とお願いしたら数十枚に及ぶファックスが送られてきて感動したことがある。「自分やったらここまでやらないと気が済まない」という僕自身のスタンダードレベルとの共通点を感じたからだ。そこまでするから、そのお店はミシュランでも星を獲得し、今も高い成長角度で頑張っているのだろうという話をした。

また、いつも髪を切りに行く美容室で、前から違和感のある男性スタッフのことを紹介したこともある。彼は僕がいつもシャンプー台で苦しい姿勢になっているのに椅子の正しい座り方を案内してくれなかったり、シャンプーの洗い残しなんて自分では見えないのに「洗い残しはありませんか？」と聞いてきたりするのだ。これはものすごく違和感のあることで、「自分だったらどうするか」と置き換えてスタッフに考えてもらい、気づきに繋《つな》がってほしいと思って伝えた。

要は僕の日常の切り取り方を伝え、それを聞いていつでも自分のことと捉えて反省に繋げたり、今日からの仕事に向かう姿勢を正してもらったりできるような内容を主に話す。

朝礼を二重構造にすると、いくつもの効果を生み出してくれる。

ひとつは、スタッフの「伝える力」だ。

僕の朝礼は実際に参加できるスタッフは限られ、業務の関係でどうしても参加できないスタッフも大勢いる。

しかし、僕が朝礼で話した内容は、全スタッフに知っておいてもらいたいと思う。だから僕は、参加したスタッフに「みんなにしっかり伝えておいてくれよ」とお願いする。

そして本当に重要な周知は、関係者に必ず直接伝えられるように時間と場所をセッティングし、直接伝える。学校ではないが、特別授業のようなイメージだ。

スタッフたちも、僕が「できるだけみんなに伝えたい」と思っているのをわかっているから、僕の話した内容をメモしたりして、みんなに伝えようと努力してくれる。

一方で参加できないスタッフは、「絶対、今日何があったか教えてね」と参加するスタッフに頼んでいたり、自分の代わりに後輩を参加させる人もいる。

そこで朝礼に参加するスタッフは、僕の話のどこが大事なのか、どう伝えればいいのか、みんなに伝えるための方法を考えるようになるのだ。

それが伝えることのいい練習になる。伝える力は、そうやって磨いていくものだと思う。

もうひとつは、部署ごとの責任者の気持ちに火が点《つ》くという点だ。

ハイジに勤めていたころ、僕が朝礼の仕切りを任されるようになったとき、「前任者よりも締まった朝礼をやろう」と心に決めた。自分がやるからには、朝礼をきっちり充実した場にしたかったのだ。

僕は、部署を率いる彼らに、その気持ちを持ってもらいたい。

自分たちの朝礼の雰囲気をどうつくっていくかは、現場を仕切っている長の力量にかかっている。

「小山シェフの朝礼よりも、自分の部署ではもっと盛り上げよう」と思うリーダーがいてもいいのだ。そのために僕の朝礼をお手本にしてほしい。いや、お手本というより、比較する対象にして、それを超える朝礼をリーダーにはやってもらいたいし、やる義務があると僕は思っている。

皆さんの職場も、おそらく朝礼から始まるところは多いだろう。仕切りを任されている人もいるかもしれない。

たかが朝礼、とルーティンでこなす人もいるだろう。社員や部下を引き締めるためにと、朝から説教やノルマの話をする人もいるが、それは逆効果だ。日々の生活や仕事で感じる力を磨かないと話のネタはどんどん乏しくなるし、社員はいやいや朝礼に参加するだけになり、人に伝えたいとも思ってはくれない。おまけに朝からテンションガタ落ちである。

部下を育て、率いる自分を育てる。そんな朝礼こそ会社が元気になる源《みなもと》になるのだと、僕は思っている。

終礼は宝を発表する会

各部署の終礼は、今日を振り返って、自分の反省をみんなの前で発表する場だ。時間にして15~20分ぐらい。一人ずつ報告するのではなく、反省点や気づきのあるスタッフが挙手して話すことになっている。

たとえば、「小山ぷりん」のような卵の含有量が少なく固まる力の弱いレシピは、焼きたてだと、丁寧に置かずに「トン」と音が鳴るように置いてしまうと、底のキャラメルが上に浮かんできてしまう。キャリアのある先輩はしない失敗だが、経験の浅いスタッフは、気をつけないと頻繁《ひんぱん》に起こしてしまう。

その他にも、ちょっと変な持ち方をしてケーキをひっくり返してしまったり、配合を間違えてしまったり、スタッフが多いと日々さまざまなミスが起きる。そういったミスを発表してもらい、お互いに反省し合うのだ。

もっと重要だが、なかなか経験の浅い人間では特に気づかない失敗がある。それは日本の四季の変化によって日々変わる気温・湿度の変化で引き起こされる失敗だ。たとえば急に気温が下がり、いつもと同じ温度と同じ時間で焼いても焼き加減に差が出てしまった、ということを報告していれば、「じゃあ、うちの部署のあの商品も温度と時間を調整しなければいけないな」と考えるようになる。そうすることで細かく経過確認し、焼き上がりのミスを防ぐことに繋がったりもする。

この場合、聞く側もそうだが話す側も、「みんなにも知っておいてもらったほうがいい」と心配心を持って想像力を働かせることで、互いが勉強し合える環境になるのだ。

僕がスタッフたちに伝えていることはひとつ。

「失敗は叱らないけれど、失敗を隠したら叱るよ」

だからみんなの前で勇気をもって発表してほしい、そう思っている。

ミスは悪いことではない。でもそれを理解するのが難しい人は、ミスがなく完璧でいることがカッコイイと思っている。完璧に越したことはないが、どんな人でも完璧ではない。僕も何かの拍子にミスすることはある。**悪いのは、失敗しないことよりもそれを隠そうとする気持ちだ。それが普通になると、どんどんずるい人間になってしまう。**

失敗の共有はいいことだらけで、僕は宝物だと思っている。

プリンの例なら、同じようなキャリアのスタッフたちで「丁寧に置こう」という意識を共有できるから、今後のミスを未然に防ぐことができる。

もちろん失敗したらやり直さなければいけないから、頑張ってつくったスタッフはミスした相手を責めたくなる気持ちもわかる。けれど大事なのは、「なぜこうなったのか?」である。それを解明しておかなければ、ミスは一向に減っていかない。

相手を責めるだけで終わったら、当事者しか「自分事」として捉えられない。他の人も「自分事」にするには、原因を探って対策を練るのが一番である。つまり、**失敗はアイデアの宝庫なのだ。**

そうやって、僕たちは悪いところがあったら直しながらやってきた。直さなくてはいけないことを放置していたら、どんどん組織が腐っていく。だから大きな病《やまい》になる前に直さなくてはいけないのだ。

人は団体の中ではすぐ「僕くらい、いいや」と思ってしまうものだが、個の自分は

「自分の部屋で壁紙がめくれてたら、そのままにするのはいやだ」「服が破れてたり、靴下が破れてるのは、いやだ」と妥協はしないだろう。個の自分と団体の中での自分の違いをなくし、自分の身の回りで嫌なことがあったらすぐに直すように、会社でもその**「直す」意識**を持ってもらいたいのだ。

たとえば、機械の故障などの不具合を、先輩や上司を経由せずに、業者さんに直接伝えて解決しようとするスタッフがいる。

それは本人なりに考えて、問題を解決しようとしていることはわかる。

けれども、オープンのころはプロに直してもらうか、自分で直せるかの判断をまず自分たちで行なったし、今は専門の担当窓口もある。

なかには業者さんに来てもらわなくても、自分たちで直せる場合もあるのだ。先輩の中には、過去にその不具合の対処法を習っている人もいるかもしれない。

だから僕はこういった場合、「まず同じセクションの先輩に言いなさい。その先輩が動いてくれなければ専門の担当者に相談しなさい」と伝えている。

仕事ではこういうプロセスも大事だ。チームで仕事をしている以上、自分の考えだけで動いてしまうと結果的にチームワークを乱してしまう。そういう考えを共有するためにも、何でも話し合える環境をつくるのは大事なのだ。

これはどんな職場であっても、同じだと思う。誰もがミスを率先して言えるような環境であれば、その会社はずっと元気でいられる。けれども、ミスを隠すような会社は結局ダメになっていく。そんな例を皆さんもニュースで見てきたはずだ。

だから、僕は毎日終礼でミスを発表する場を設けている。それが普通になっていれば、会社は腐ることなく、成長していけるのだ。

なかには、同じミスを何度も繰り返すスタッフもいる。そういう場合も、僕は何度も繰り返し指摘している。そこで言うのをやめてしまったら、そのスタッフはミスを繰り返す性格を直そうとしないからだ。

この場合は、上司に問題があることも考えられるので、僕の考えをより深く理解しているスタッフのいる部署に、ミスを繰り返すスタッフを異動させることもある。どのような方法をとるにしても、諦めずに伝え続けるのが肝心だ。

メール配信で伝えること

エスコヤマでは、メールは「社内広報」で使われている。

内容は主に、みんなに気をつけてほしいこと。お店での仕事に反映してほしい、僕の日頃の〝気づき〟を、一斉配信している。

お昼の休憩時、その日の気温が30℃を超えていたとする。外はうだるように暑く、こういう気温のときは、食中毒などの原因となる細菌やウイルスが最も繁殖しやすいため、お持ち帰りのお客様への配慮を十分にしなければならない。

衛生面には日頃から気をつけているけれど、こんな日はより一層の手洗いの強化が重要になる。そして僕は、広報担当にメールを一斉配信させるのだ。

「今、シェフが昼休憩で外出され、外気温の高さにビックリされました。こんなときは気を引き締めないといけないと、おそろしくなったそうです。一歩外に出られたときに感じられ、すぐご連絡がありました」

これも僕なりの心配り、心配心で出しているメールだ。

メールで伝えて念を押しておけば、スタッフは「いつもよりこまめに手洗い、殺菌をしよう」と考えてくれるし、周囲の人の衛生管理にも目が行きやすくなる。

また、こういった文面だと僕のかわりに発信してくれるスタッフが生まれる可能性もある。


こうした気をつけてほしいことは、お店の敷地を歩いているとたくさん見つかる。

たとえば、資材などのダンボール。

基本的には裏手にある倉庫に置いているが、お客様がその前を通られることもあるだろう。スタッフにとっては、そこは裏舞台だと思いがちだけど、お客様の目に触れる可能性がある以上、どこでも表舞台だ。そこに積まれたダンボールが整理されていなければ、お客様は「だらしない店だな」と思われるかもしれない。

そういう光景を見つけると、僕はそばにいるスタッフに声をかける。

「ちょっとこのダンボール、一歩下がって、お客様視点で見てみようよ。どう思う？」

「だらしないと思います」となったら、「そうやろ？　みんなにも伝えておいて。自分たちの部署でもそういう場所がないか、ちょっと考えてもらって」とすかさず伝える。

こういうときも社内メールで一斉に配信してもらう。

小さなことこそ、情報はなかなか共有できないものだ。一人に注意して、「みんなに言っておいて」と念を押しても、「これぐらいのことはいいかな」と判断して伝えようとしない人もいる。だから、すぐにメールで共有するように指示を出す。

ただ僕は、メール配信に関して、ひとつ気をつけている点がある。

それは、**心を伝えたいときは、直接言う**ということだ。

何かを伝えるとき、確かにメールは便利だけれども、そこに心を込め、「熱」を伝えるのは難しい。

だから**肝心なことはメールで連絡したりせず、必ず一対一で向かい合って話す**ようにする。そういうときは「絶対にこれは、自分の言葉で俺が言いたいから」と、時間を指定して集まってもらったり、担当者を呼んでもらったりしている。

「君はこうしないと損をして、人も離れていってしまうよ」といったメッセージは、僕がどういった表情で、どういった感情で伝えているのかが相手にわからないと、ものすごく冷たい印象を与えてしまう。そこから誤解が生まれる可能性もある。

「A君は最近、よく頑張っているね」という言葉も、直接会って伝えるのと、メールで伝えるのとでは雰囲気がまったく違う。

メールだと社交辞令的に言っているような、心の込もった言葉には感じないだろう。直接会って肩をポンと叩いてこの一言を言ったら、「認めてもらっているんだ」と相手は実感するはずだ。また、各セクションの上司から「シェフ、喜んでたよ！」と言ってもらうこともある。

若手のビジネスマンの中には、何でもかんでもメールで送り、同じフロア、近くの席なのに言葉で伝えずメールを使う人もいると聞く。

コミュニケーションはそういう手間暇を惜しんではいけないだろう。メールはコミュニケーションを補完するものではあるけれど、それだけでコミュニケーションがとれるのだとは思わないほうがいいだろう。

「制服は３枚ですから」ではなく「制服は４枚必要」と言えば変わる

世の中には、自分の職場に対して、文句を言う人は多い。

それは「こんな仕事、やってられないな」という漠然とした不満や、「うちの会社のこういうところがダメだ」という文句までさまざまだろう。

不満があっても、自分の職場をよくしたいと本気で考えている人は少ないのかもしれない。愚痴でガス抜きして済ませてしまっている、さらにそれが習慣化している人が多いと思うのだ。

ある日、スタッフの制服が汚れていることに気づいた。

うちでは、基本的に一人３枚の着替えの制服が支給されている。

ケーキ屋さんの制服にチョコなどの汚れがついているのも、確かに頑張っている雰囲気があるのはわかるけれど、エスコヤマは美意識と清潔感を高く保っていたいから、きれいな制服を身につけてほしいと、常日頃スタッフには言い聞かせている。

そのスタッフの部署は汚れがつきやすい業務が多い。それでも3枚あれば、着替えをストックしておけるだろうと僕は思っていた。

「なんで汚れているの?」と尋ねると、「いや、3枚しかないと洗濯が間に合わなくて……」と事情を説明してくれた。

「なんでそれ、言うてくれへんの?」

僕は思わず言ってしまった。

「うちの部署は制服が4枚必要です。あと1枚いただけたら、絶対にきれいに着てみせます。だからあと1枚、支給をお願いできませんか?」

僕はそう言ってほしかったのだ。

同時に、そう言えるスタッフを育てなければと、このとき強く感じた。

彼の制服がちゃんとした理由で汚れているからには、彼の周りのスタッフもみな制服が汚れているということだ。

周りの人に対する心配りができていれば、自分だけでなく「みんなの制服をきれいにしてあげたい」と思い、制服の提案だってできたはず。僕はそう思った。

職場の改善案を提案できる社員は、会社にとって最も必要な人材だ。会社にぶらさがって文句を言うだけの人も中にはいるだろう。あるいは、文句は言わず、黙って誰かが言ってくれるのを待っている人もいるかもしれない。しかし環境を変えるための発言は、自分がしなければならないのだ。会社のストーリー、その会社の1ページを変える立役者に誰でもなれるし、ならなければいけないのだと思う。

そうして環境が変わったときには、「これは自分が変えたんだ」と、きっと誇らしい気持ちになるだろう。

なかには、「いや、僕は言いましたよ。○○先輩に提案したんですけど、わかってくれなかったんです」と訴えるスタッフもいる。

僕から見れば、それは改善とは言えない。一人の先輩にわかってもらえなかったら、話を受け止めてくれる先輩を探せばいいのだ。先輩の選び方もセンスだ。すべての先輩が優れているとは限らない。

「提案しても聞いてもらえなかった」と愚痴をこぼしている時点で、話を聞いてくれない先輩と同類だろう。僕はそんなスタッフには「自分はそんな先輩にはなるな」と言いたい。そこで止まったらダメだ。話を理解してくれる先輩は山ほどいる。そういう人を見極めて相談を持ちかけるのも、改善や改革には不可欠なステップなのだ。

他の先輩に話を持ちかけたら、話を受け止めなかった先輩は「なんで俺を飛び越したんだ」と怒るかもしれない。そういう人は、何も変えられないまま終わる。そんな人に引きずられている時間はないだろう。

「やってられないな」ではなく、「こうしたら、みんな楽しく働ける」。

「ここがダメだ」ではなく、「こうしたらもっとよくなる」。

違和感は改善の種だ。僕は人もお店も違和感を見つけては改善してきた。それが自分の生活習慣にもなっている。

その改善の種の花を咲かせられるのか、芽を出せないまま終わるのかは、結局のところ自分次第なのだ。

直せていないことの積み重ねで「ロジラ」も「小山菓子店」も生まれた

一生懸命、周りに心を配っていれば、人には毎日いくつもの〝気づき〟が生まれる。同じ風景なのに、昨日は気づかなかったものが、今日は気づく。それを積み重ねて、人や会社は成長していくものだと思う。

それはエスコヤマも同じだ。毎日「ここがもっとよくなる」「ここをもっと直せる」という気づきの積み重ね。時には僕がまだまったく気づいていなかったことを、お客様に指摘していただくこともあり、それを改善して店は成長を続けている。

2013～2014年に敷地内に新しく生まれたお店「Rozilla（ロジラ）」「小山菓子店」も、そうした気づきのなかで生まれた。

ロジラは、チョコレート専門店。店名は、少年時代の僕の大好きな遊び場だった京都の「路地裏」と、男の子が大好きだった「ゴジラ」を掛け合わせた造語だ。テーマは〝大人が本気でつくる秘密基地〟である。

設計は、ザ・ペニンシュラ東京の内装なども手がけた橋本夕紀夫《はしもとゆきお》氏。土壁や床は、左官職人の久住有生《くすみなおき》氏、庭作りは、僕が最も信頼している庭師の松下裕崇《まつしたひろたか》氏に担当してもらった。そのおかげで、僕の想像していたお店を、想像以上のお店にしてもらったと感じている。

ロジラの前身は、初代ショコラトリー「キャトリエンム ショコラSHIN」というお店だ。

チョコレートは元々西洋の感性で発展してきたもの。それを日本人である僕がつくることで、そこにオリジナリティーがあると思って始めたお店がSHINだった。つまり、京都生まれの日本人である小山進をコンセプトにつくったお店だった。京都の路地をイメージした石畳の小道が店に続き、店内は本店の華やかさとは対照的に、黒を基調に落ち着いた空間にした。店内のディスプレイは日本の歴史文化にまつわる障子や行灯《あんどん》などの和の小道具をつかっていた。

最初は京都を意識したパッケージにショコラを詰めて販売していた。

しかし、２０１１年に「J.CHOCOMANIA.1964」という商品をつくったとき、新大陸を発見したコロンブスへの敬意と、島国である日本生まれの小山進がつくったチョコ

ロジラの店内。「時」を表わす大きな歯車、
「自然」を表現した波打つ土壁が目に飛び込む

レートというところから、パッケージは「島と大陸を立体地図にしたようなデザイン」にした。すでに想いが世界に向いていたのだ。

それは、世界的なショコラティエであるジャン＝ポール・エヴァン氏や、ピエール・エルメ氏が「こいつ、なかなかやるな」と思うショコラをつくり、それをパスポート代わりに世界へ飛び立つことを決めていたからだ。

そのとき、「キャトリエンム ショコラSHIN」という和モダンな空間が、自分の発想を縮める「邪魔な箱」になってきたのである。何の縛りもない自分らしい壮大な表現をするのには、狭くるしくなったのだ。僕は２０１１年のC.C.C.初出品のときから、この世界は、誰が一番おもしろいのか、誰がおもしろいことを切りとれるかということなんだ、と感じていた。

自分が日本人であり、日本で生活していることは永遠に変わらない。しかし、それは僕の一部分の話であり、自然に作品に反映されてくる。僕にはより自由な空間が必要になってきたのだ。

そこで、次の舞台として生まれたのがロジラである。

この店で表現しているコンセプトのひとつは、カカオの起源から、現代までの時の流れである。

カカオはもっと奥が深く、壮大である。また、自分の生み出すショコラも、自由で壮大である――そんな想いが僕を突き動かした。あちこちのカカオの原産国を訪ねるうちに、僕はカカオの源流に根ざしたものをもっともっと知らなければならないと感じたのだ。

さらに自分が生まれてから今まで、そして今日、明日と日常の中で感じたことをそのままショコラにしなくてはいけないことに気づいた。これこそが最も重要なコンセプトである。小山進という人間の発想の原点はすべて子ども時代にあり、僕が生まれてから今まで、「ing」でまだまだ続いているということだ。

ロジラは、石造りの建物に入ると店内は風を感じさせるような波打つ土壁に囲まれている。大きな歯車のオブジェは時を刻む時計をイメージし、カカオの起源から現代ショコラまでの歴史と、自分の歴史を表わしている。

その内装は、僕が生きてきた50年間という時、いろいろな発想を生み出させてくれた自然、僕が出会い、僕を支えてくれたさまざまな人、つまり時と自然と人の３つを表わしている。そして、その3つをカカオの歴史と重ねあわせているのだ。

僕はその3つを大事にしていれば、自然とクリエイティビティ豊かな人になるだろう、と思うようになった。

それはSHINのときには表現できなかった。その後、さまざまな心配をして違和感を消していくうちに生まれた考えなのだ。

小山菓子店は、「MATTERU～牛乳菓 マッテル～」だけを売る、小さな和風の店だ。

マッテルを説明するなら、洋菓子でも、和菓子でもない、純粋な「お菓子」と言えるのかもしれない。

フランスに留学してお菓子を勉強したわけでもない。和菓子の勉強もしていない。そんな日本で洋菓子をつくり続けた僕だからこそつくれるお菓子。それがマッテルだ。

マッテルは一見、お饅頭《まんじゅう》に似た焼き菓子なのだが、ケーキやクッキーなどの焼き菓子が並ぶ本店の店内では、見た目がシンプルであまり目立たないのではないかと、心配になった。

日本人パティシエだからつくれるお菓子「MATTERU」のためにつくった「小山菓子店」。京都の町家の格子戸をイメージした入り口には、暖簾がゆれる

エスコヤマに何度か来ていただいているお客様ならわかるかもしれないが、初めてのお客様は、たくさんの商品の中からマッテルを見つけても素通りされてしまうかもしれない。また、お土産用にサッと買って帰りたいという方もおられるだろう。

そこで、その心配を解決するために、マッテルだけを売るお店をつくることにしたのだ。

新しいアイデアは何もないところから生まれるのではなく、目の前にある問題を直そうとするところから生まれることが多いのではないかと思う。

世の中の発明はたいていそうやって生まれている。**心配心は、アイデアを生み出すきっかけにもなるのだ。**

お詫《わ》びもクレーム対応も命がけで

お店を経営する以上、クレームは避けられない。

ハイジに勤めていたときもクレームはあったし、エスコヤマを開いてからもクレームはそれなりにある。どんなにお客様に満足していただこうと考えていても、それでも何かしら問題は起きてしまうものだ。

僕は、クレーム対応は命がけですべきだと考えている。僕は、若いころ必死だったこともあり時には土下座をして謝ったこともある。自分の言葉も勉強も不足していたとき、どうしようもないときは恥も外聞も投げ捨てて、ひたすら謝っていたのだ。

お客様からクレームの連絡があったとき、スタッフにそのお客様に会いに行って話を伺って来るように指導している。

なかには、「これは行かなくてもいいんじゃないか?」と思ってしまうような、一見ささいな問題であっても、お客様のもとに飛んでいくように伝えている。

もし「これぐらいなら謝らなくてもいいのでは」と店側で判断すれば、お客様は「あそこはクレームを無視する店だ」とお思いになるだろう。エスコヤマをそんな店だと思われるのは、僕は耐えられない。

とはいえ、それは無闇に頭を下げて来なさい、という意味ではない。こちらに落ち度があれば丁寧に謝り、相手に思い違いや誤解があるなら、それを説明して納得していただくというのが基本だ。そして、自分たちの説明不足を反省するのである。

クレームから逃げずに、きちんと受け止めてもらうために、僕はクレーム対応があったときの心構えを七カ条にまとめ、スタッフたちに伝えている。

・その一、こちらが悪くないときは正々堂々とした態度を貫《つらぬ》き、謝らない。しっかり説明をする

夏のある日、ムースのデコレーションケーキを購入したお客様から、「外側のフィルムを外したら、ケーキが崩れた」というクレームをいただいた。

しかし話を聞くと、お客様は暑いなか、冷蔵庫がいっぱいだったという理由でケーキの外箱に保冷剤を乗せただけで、きちんと冷やさなかったのだとわかった。食事が終わりケーキを食べ始める前まで2、3時間も20℃以上の室温にケーキを放置されていたのだ。これではケーキが崩れてしまってても無理はない。

僕たちはお客様にその事情をしっかり説明したが、最後まで納得していただけなかった。

しかし僕は**「世の中の常識をもって、通用することとしないことを見極め、対応す**

る」という考えを大事にしている。

新しいケーキを渡せばいいではないか、と思われる人もいるかもしれない。

それは何の解決にもなっていないだろう。そこで安易に新しいケーキを渡すと、次回以降も同じ理由で渡さなくてはならなくなる。

どんな要求にも応えるわけではないとお客様に知っていただくのも、大切だと思うのだ。

・その二、すべてのお客様に対してできないサービスは、〝サービス〟とは考えない

企業様より「たくさん買うので、値引きをしていただけませんか？」という問い合わせをいただくことがある。

そのときには、「すべてのお客様に対してできないサービスは、お客様に対して不公平になってしまうので、エスコヤマではサービスとは考えていないのです」と伝えている。

百貨店に常設店を構えているお店であれば、売価の設定も、百貨店様に支払う場所代も考えられた価格設定になっているだろう。しかしエスコヤマは三田《さんだ》の一店舗のみで、かつお越しいただいたお客様に対して適正な価格で販売しているので、値引きは一切できない価格設定なのである。もし値引きできるなら、お客様全員に値引きの価格で販売し続けたいぐらいである。

また、値引きをしてしまうと、それ以外の日に通常の値段で買ったお客様は損したような気分になるだろう。

接客なども含め、一定のルールを逸脱し、特別なことをしてしまうと、いつもエスコヤマをご利用いただいているお客様に不公平感を与えてしまう場合がある。それは臨機応変という言葉とはまた違ったものだ。

お客様からいただく期待に応え、高いクオリティのサービスを目指すのは当然の使命だが、無理と判断せざるを得ない要求にお応えすることはできないと僕は考える。

値引きなどはできないが、そのぶん僕たちは、お客様の想像を超えるケーキをつくるよう心血をそそぎ、公平で一生懸命な接客、空間づくりを心がけている。

過去にこんなことがあった。僕の友人である世界的な指揮者佐渡《さど》裕《ゆたか》さんにまつわるエピソードだ。あるときにつくった新作のお菓子で「これは絶対に佐渡さんが好きなお菓子や。来られたときに絶対食べさせてあげたい」というものがあった。そして、ちょうど佐渡さんがご家族を連れて、エスコヤマにお越しになったとき、僕はその新作のお菓子を食べていただこうと思ったが、周りには一般のお客様が３組いらっしゃった。そのとき僕は、先に一般のお客様に「これ、少ないですけど新作のお菓子です。召し上がってください」と言ってから佐渡さんのところへ持って行ったのだ。そのとき佐渡さんから、「あんた偉いな。本当は真っ先に僕に食べさせたかったんやろ。あんたは偉い」とすごく褒めていただいたことがあった。

「僕はどこへ行ってもいつも特別扱いされる。でもあんたはしない。そういうところが好きなんや。これからも特別扱いはしたらあかんで」ともおっしゃっていただいた。

とにかく僕は誰に対してもできない特別扱いは、嫌いなのである。

・その三、すぐに対応する

たとえば商品に問題があるとご連絡をいただいたときには、それがどこであろうと、スタッフが最短でお客様のもとへ駆けつけるようにしている。

過去には関東や中国・四国など、どんな地域にもできるだけ早く駆けつけた。

店頭にてお買い求めくださったお客様に、商品の一部を入れ忘れてしまう、というケースは、まことにお恥ずかしい話だが稀《まれ》に発生する。

発送可能な商品であり、すぐにお客様が必要でない場合は「入れ忘れた商品を宅急便で送ります」という対処の仕方もあるだろうが、僕はそれではきちんと対応したことにならないと考えている。すぐにでもお客様がほしいとおっしゃれば、発送している場合ではないのだ。

・その四、お客様にご納得いただけるまで、とことん対応する

たとえばカフェのスタッフが、お客様にコーヒーをこぼしてしまったなど、大きなサービスミスをしてお客様に不快な思いをさせてしまうケースもある。

その場でお客様窓口のスタッフが謝罪するだけでは足りないようなときは、改めて責任者がお客様のところに謝罪に伺うのは基本だ。

お客様の中には相当ご立腹されていて、自宅に伺うのを拒否される場合もある。そういう場合でも、自宅近くの駅でならお話しできないかなど、会える場所を伺って必ず出向くようにしている。それでも叶わないときは名刺や手紙をポストに入れてくることもある。

お会いして謝罪をしても、最後まで納得していただけない場合もある。そうであったとしても、そこまで徹底するべきだと思う。

・その五、お客様の言われることをまずはよく聴く。お客様を信じて聴く姿勢と、つねに逆のことも想定しながら聴く姿勢の両方を併せ持たなければいけない

傾聴はクレーム対応の「基本のき」ともいえる。お客様の話を遮《さえぎ》ったりせず、とにかく最後までお客様の話を聴く。お客様が感情的になっていらっしゃる場合はつらい状況だが、ここを疎《おろそ》かにすると解決する問題も解決しない。

しかし、お客様の勘違いだった、というケースも時にはある。

あるとき、お客様から「プリンにカビが生えている」と連絡をいただいた。消費期限内でプリンにカビが生えることは、いろいろな条件がよほど整わない限り基本的にはあり得ない。驚いてよくよくお話を伺うと、カビに見えたのはバニラビーンズの黒いツブツブだった。

このようなケースもあるので、お菓子の状態はできるだけ現物を確認させていただくし、現物がないときは具体的な状況を伺う。

それはお客様を疑っているのではなく、もし問題があったなら、必ず再発防止をしたいからだ。万が一、本当にプリンにカビが生えていたら、対策を考えなくてはならない。そして、原因がわかるまでは、安易に返答はしない。時には専門機関に調査を頼んでから、結果を報告する。情報が不確かな状態で返答してしまったら、問題がより一層こじれるだけだろう。

・その六、クレームをいただくことは、チャンスをいただくこと（クレームがなければ、逆に不安になることもある）

接客態度など、ご来店したお客様が感じられたことを、クレームとして受けることがある。

確かにクレームを受けることは、実際にはつらい。

しかし、人はマイナスなことを伝えるときは特にエネルギーを使うから、本当はお客様もクレームをつけたくないだろう。そこをあえて伝えてくださるお客様は、「またエスコヤマに来たい。もっとこうしてほしい」と今後を期待されているから、わざわざ苦言を呈してくださるのだと思う。つまり「次は頑張れよ」とチャンスをいただいているのだ。

逆に僕は、ご不満を感じながらも何もおっしゃらずに帰ってしまわれているお客様がどれくらいおられるのだろうと考えると、とても不安になる。そういったお客様は、おそらく「あそこはダメになったから、もう行かないでおこう」と思われる方がほとんどだろう。だから僕は、クレームがなさすぎると逆に心配になってしまうのだ。

・その七、お客様から学ぶ姿勢をつねに忘れない

あるとき、栗の風味を最大限に引き出すため、栗の皮（粒々の状態）も含んだペーストをバウム生地に練り込んで秋限定の「小山流バウムクーヘン　秋色マロン」という商品を発売した。

そのとき、栗の皮の一部を異物と思ったお客様がいらっしゃった。

そこで僕は、「なぜ栗の渋皮《しぶかわ》を使用しているのか？」を説明した専用のリーフレットを作成した。

僕らにとっては「普通」であっても、お客様にとってはそうではないこともあるだろう。そういう気づきをいただけるのは、本当にありがたい話なのだ。

繰り返しになるが、日々お客様と向き合う中で、「今日」の問題点を改善してきた形が今のエスコヤマをつくり出しているのだ。お客様からいただいたご意見をクレームとして終わらせるだけでなく、しっかりと業務に取り入れていく。

最初はマイナスから始まったことも、すべてプラスに変えていく努力をいつも心がけなければいけないと思う。でもまだまだ未完成。できていないことだらけ。だから前進できるのだ。

誠意をもって対応していれば、たいていのことは解決する。

なかにはクレーマーのような残念なお客様もおられるのだが、そうでない限りは、お客様の話にしっかりと耳を傾け、丁寧に説明すれば納得していただけるものなのだ。

そして、クレームがきっかけでお店のファンになっていただけた方もおられる。

僕がとてもお世話になっているお客様の一人は、クレームがきっかけで深くおつきあいするようになった。

ハイジに勤めていた二十代の話なので、きっかけや事の経緯は忘れてしまったが、僕は何かミスをして、そのお客様のところに伺い、未熟だったこともあり、謝り方が他に思い浮かばず土下座をしてお詫びした。

それ以降、その方は僕を気にかけてくださるようになり、しょっちゅう叱られた。同時に、「小山、ウィーンに行ってきた土産のザッハトルテや、持って帰りなさい。その代わり、１週間以内にこれとおんなじもん作って持ってきなさい」と、課題を与えてくださったりしたのだ。

今でも月に一度ぐらいお会いしている。

もし僕が最初のクレームで適当な対応をしていたら、ハイジに二度と足を運んでいただけなかっただろう。今の関係も生まれなかったはずだ。

若いころから今まで、僕はそうやってお客様と命がけで向かい合ってきた。

クレーム対応にうまく乗り切るノウハウなどない。どれだけ真剣に向かい合うかですべては決まるのだと思う。

会議でモノはつくれない

お店がオープンしてからの11年間で、店を次々とつくっていくことは、最初はまったく想像できていなかったし、こんな形にしようとは一切思っていなかった。すべて毎日の足らずを正してきた結果であり、計画に基づいて創り上げてきたものではない。

新作のお菓子を開発したりするときも同じく、店で新商品開発の会議などを開かない。新商品のアイデアは僕が今興味を持っていることや、日常生活から湧き出るものだからだ。

エスコヤマで会議と呼ばれるものは、僕の考えを伝えたり、スタッフが反省点や業務報告をするような場だ。

たいていの企業では会議でアイデアを考えるだろう。

今の世の中には、企画やイベントといった人が意図的に考えたものが溢《あふ》れている。

たとえば「春だから桜をテーマにしよう」「冬だから雪をテーマにしよう」と製品を開発している企業も多いと思う。

世の中には人がわざわざ考え出さなくとも「自然とそうなった」という出来事もある。「偶然が重なってそうなった」「無我夢中で気づいたらそうなっていた」「導かれるようにして出会った」などという言葉をよく耳にすることがあるが、まさにそうやって自然の流れに身を任せ、地道に努力を続けていれば、思いがけないゴールにたどり着くことも多い。

つまり、**テーマはつくりだすものではなく、勝手に湧いてくるものなのだ。**

「何かやらないと」とテーマありきで考えた企画ものは、僕にはどうしても偽物、フェイクに思えてしまう。

僕が19歳でハイジに入社したとき、こんな社訓があった。

「自然のままに心を込めて」

僕はずっとそれを「自然の恵みを大事にしてケーキをつくる」ことだと思い込んでいた。

そのシンプルな意味もひとつの正解なのかもしれないが、ハイジを卒業して50歳になった今、僕はこの言葉にもっと深い真意があるのではないかと思い始めた。

自分の心が赴《おもむ》くままに、一生懸命その瞬間、瞬間を頑張っていれば、うちのお店の11年間の歩みのように自然と、やらなければいけないことは見えてくる。そういう意味ではないだろうか。

そして本物とは、まさに「自然のままに心を込めて」という気持ちの中で育《はぐく》まれるのだと思う。

僕が思うところの本物とは、決して他人と比較しての話ではない。

僕はよく**「自分としてほんまもんであればいい」**と口にする。大事なのは、**自分にとっての本物のストーリーをまっとうしているか**どうか、ということだ。そしてそれが**人の役に立っているか**どうかだ。

僕はこれまで、ひとつの物事に邁進《まいしん》しているその最中に、さまざまな人や出来事に出会うべくして出会ってきた。そういう意味では、「自然のままに心を込めて」を体現し、本物のストーリーを僕は生きている。

そんなふうに人生を考えているとき、頭の中にはいつも「線路は続くよ、どこまでも」というメロディが流れる。

《野を越え、山越え、谷越えて。遙かな街までぼくたちの、楽しい旅の夢つないでる》

日々いろいろな人との出会いや出来事がやって来ては、また通り過ぎて行く。

それはまるで、電車の外を流れる風景のようだ。

その風景と出会いながら、明日に向かっていくことが人生なのかもしれない。

自分の人生、本物のストーリーをまっとうするために、僕はこれからもいくつもの駅にとまり、課題をクリアし、次の駅に向かっていくだろう。

そしてそこで生まれたモノすべてが、お客様に喜んでいただける作品になればいい。

人気商品や発想は、「これを届けたい」という想い

僕は企画で商品は作らない。

では、どんなときに発想して、作るのか。

それは**僕の中に「これを届けたい」という想いが生まれたときだ。**

たとえば、「養老牛《ようろううし》 プレミアム小山ぷりん」という特別な小山ぷりんが誕生した。こ

れは、「養老牛で採れたミルクをお客様に体験していただきたい」という強い想いから生まれた。

産地は北海道東部に位置する中標津《なかしべつ》町の、養老牛という場所。山本照二《やまもとてるじ》さんという方が牧場を営んでいる「山本牧場」でその牛乳は搾《しぼ》られる。

真冬はマイナス30℃にもなるという極寒の地で、乳牛は完全放牧されている。牛たちは農薬や化学肥料を使わずに育てられた牧草を、夏は放牧草のまま、晩秋から早春まではそれを発酵させた干し草をたっぷり食べて育つ。

その牛から搾られる濃厚な乳は、不自然な脂肪臭さがなく、春から秋には草の清々《すがすが》しい香りさえ感じられるさっぱりとした飲み口なのだ。秋から春には、干し草のうまみが凝縮された濃厚な味わいになる。養老牛のミルクは、季節によってその風味が異なるのが特徴なのだ。ちょうど10月の半ばと3月の半ばごろは、青草と干し草が牛のお腹《なか》の中で混ざり合い、味わいが変化する過程を体験できる貴重な時期だったりもする。

「これが牛乳本来の姿や！」

このときに僕自身が得た感動を人に伝えたい、おすそ分けしたいという気持ちから生まれたのが「養老牛 プレミアム小山ぷりん」なのだ。

「売りたい」ではなく、まず「伝えたい」。その熱から生まれる商品だから、結果的に人気の出る商品になるのではないかと思う。

これは営業や企画などの仕事をしている方にも参考になる考え方かもしれない。

エスコヤマにあるカフェ「ｈａｎａｒｅ（ハナレ）」には、常時数種類のコーヒーメニューがある。その中に、「限定スペシャリティコーヒー」というメニューがある。

これは特別なコーヒー豆が入ったときにだけ提供できるスペシャルな一杯なのだが、これを出せるのは、お店に来てくれるコーヒー会社の営業マンの熱意があるからだ。

僕は元々、数年前までコーヒーをブラックではまったく飲めないタイプの人間だった。しかしカカオの産地に行ってカカオを知るうち、熱帯地域で生まれ、品種や産地によって多種多様な味わいを持つコーヒーにも、だんだんと興味が湧いてきた。

コーヒーの営業マンの中には、ただ単にサンプルを持ってくる人もいる。

しかし、僕をしっかりリサーチして、コーヒーに興味を持ち始めたタイミングで厳選したコーヒーを持ってきてくれる営業マンもいるのだ。

僕がいつもハナレにいる朝の時間帯に、「カカオのような酸味のある、ものすごい変わったコーヒー豆があるんです。興味はありませんか?」と豆を持ってきて、一杯を飲ませてくれた営業マンがいた。

そういった営業マンは、いかにそのコーヒーが素晴らしいのか、熱弁をふるう。売りたい想いより、伝えたい想いが強いのだな、と感じる。

そういう熱意のある商品は、やはり飲んでみても「すごい」と感じてしまう。「木苺のケーキとかと、この酸味のあるコーヒーは合いそうやな」と、メニューになるのだ。

こういう営業マンは、普段から店を訪れて、スタッフともコミュニケーションを取り「小山シェフは、いま何を作ってる?」といろいろとリサーチをしている。また、話すスタッフも間違えない。だから、タイムリーに「だったら今これを伝えたい」というコーヒーが出てくるのだ。

「売りたい」と考えているときは、どうしても通り一遍《いっぺん》の営業トークになってしまう。それでは人の心を動かせない。

つまり商品を開発し、売る力というのは、「伝えたい」と思う強さと比例しているのだと僕は思うのだ。

古い自慢は嫌われるが、未来の自慢は情報発信

先ほども触れたが、僕はいま「味の手帖」という月刊誌に連載を持っている。「味の手帖」は昭和43年から発行されている歴史の長い、食の情報誌だ。

僕は新たな味覚を生み出せる自分でいるために、いつも自分の知らない味覚を探して、外食をしている。和・洋・中を問わず、さまざまなレストランを訪れる。

初めての味に触れてその味のデザインを紐解《ひもと》くのは、僕の仕事のひとつだと考えている。

その中で出会った若手シェフやレストラン、時には僕の新作を、この「味の手帖」では紹介している。つまり僕が日々過ごす中で見つけた、人に話したい自慢話だ。

人に振りまく自慢話は、やはり人の役に立ったり、楽しませたりできる「情報」になっていないといけない。

「こんな独創的なシェフに会ったよ」

「こんなショコラができたよ」

つねに鮮度の高い自慢を振りまくからこそ、それはただの自慢話ではなく、人に伝えるべき情報の発信になるのだ。

「仕込んだネタを、今すぐ誰かにしゃべりたい。伝えたい」

これは僕の子どものころからの習慣だ。

そんな性格はときに〝おしゃべり〟と言われてしまうけれど、人が喜んでくれることなら、おしゃべりも悪いことではない。

僕は時々ショコラセミナーを行なっているのだが、そんな場面でも僕の癖は出てきてしまう。

ショコラセミナーでは、料理人の方から一般の方々まで、幅広い層の方に参加していただいている。そこで僕のショコラの解説をするのだが、C.C.C.に出す新作も小出しで公開してしまうのだ。

「写真撮ってもいいけど、○月○日までは絶対にフェイスブックとかには載せないでくださいね」

「感想は書いていただいてもいいですけど、ビジュアルを載せるのは勘弁してくださいや」

そう念押ししながら、新作をいち早く試食していただく。お店で売り出すのは、C.C.の発表が終わってからだ。それまで待てない。自分の思いついた新しいショコラを、みんなに早く食べてもらいたい。それは「こんなんつくったんや、見て見て聞いて！」という自慢でもある。

そして、そういう自慢話はみんなも喜んで共有してくれる。

会社で話の長い上司は嫌われるというけれど、それはいつも同じ話をしているからではないだろうか。飲み会で過去の成功体験を繰り返し自慢されれば、誰でもうんざりしてしまう。

古い自慢話など、人は聞きたくない。

けれども新しい情報をつねにインプットして、毎回違うことを話せる人の「最近、こんなことを知ったんだ」という自慢話なら、聞きたいだろう。

つまり、新しい自慢話をつくり続けていれば、それは僕の新作ショコラと同じで、皆さんの新製品になっていくということだ。

その新製品をいつも発表できる人は、それだけインプットする量も多い。本や新聞からインプットする人もいれば、さまざまな職業の人と会って話すことで情報を得ている人もいるだろう。

その情報は黙って待っていても更新されない。自分であちこちに足を運び、自分自身で集めるしかないのだ。それを繰り返していけば、自分から動かなくても情報がやってくることもある。

スタッフへ配る心

お店のスタッフに、オープンから店を支えてくれているA君という青年がいる。

彼のお父様はケーキ屋さんで、A君はいずれお父様の後を継ぐためにエスコヤマに修業に来ているのだ。

まだエスコヤマがオープンする前、彼は高校生の学生服のまま、面接にやって来た。

高校卒業してすぐにこの業界に入ると、世の中のことを知らないまま、これから長い間ケーキに携わっていく人生を歩むことになる。

大学や専門学校などに通う人は、その中で遊びながらも、大勢の人と触れ合い、さまざまな体験をする。そこでものをつくる練習ができるわけだ。

しかし彼はその練習ができていない。そんな中で、ただ技術だけを覚えてしまったら、この先、人を育てたり、率いたりできる魅力ある人間になれないのではないか。彼と出会ったとき、僕はそんな心配を抱いた。

A君は根がまじめなので、懸命にケーキづくりの技術を学んでいるが、技術的にもまだまだ覚えなければいけないことは山積みだ。

しかし、社員旅行に行っても、A君はほとんど一人で行動している。休みの日も一人で行動する。A君はコミュニケーションをとるのが苦手なタイプなのだ。

これでは周りもどんどん声を掛けづらくなるから、人気者になれない。つまり「A君商店」が流行らないのだ。

僕は、A君にもっと周りの人とコミュニケーションをとるよう、ずっと言い聞かせてきた。それでもなかなか苦手の蓋《ふた》を開けられないでいる。

先日、彼のお父様とお会いしたとき、

「もう実家に帰ってきてもやりくりできるぐらい、ケーキ覚えましたか?」

と尋ねられた。

お父様は昔気質《むかしかたぎ》のケーキ屋だ。おそらくコミュニケーションをとるのもあまり得意ではないだろう。

お店を継いで今後盛り立てていくには、お菓子づくりの技術と同時に、それ以外のトータル力を磨かなければいけないのに、彼は苦手なことに蓋をして開けようとしない。それはお父様の影響だというのもうすうす感じていた。

本当は、親御さんが心配されているのなら、「もう十分技術を身につけましたよ」と実家に送り出したほうがいいのかもしれない。

けれども、僕は11年間もA君の人生に関わってきた。いい加減な気持ちで送り出せない。僕の手で一人前にしてあげる責任もあるのだ。

そこで、A君のお父様に手紙を書いて、前著『丁寧を武器にする』を添えて送った。僕が、彼の人生に対して何を心配しているのか、わかってほしかったのだ。

ここでは、その手紙の一部を紹介しよう。

《息子さん同様、他のスタッフの中にも、たとえば独立など「将来の夢」といった先の人生について話す者がいます。

しかし僕が考える「人生」とは常に「今」です。

漠然とした目的に向かうものではなく、生まれてきてから今までの時間で培《つちか》ってきたものを、目の前の一瞬、一時間、一日に最大限出し切ることです。

その瞬間を最上級に過ごし、昨日の自分を超えられるように、今日の努力をすること。その瞬間瞬間の「点」をつなぎ合わせていくことが「人生」であり、自分の成長につなげるには、この積み重ねしかありません。

人生とは過去のことでも未来のことでもなく、まさに「今」であると僕は思います。今を一生懸命に出来なければ、先に良い結果は待っていません》

僕は彼に、自分の部署の後輩やパートさんの人気者になり、「お客様が振り向くような存在感のある人」になってもらいたい。

彼の成長のために、僕は精一杯の努力をする。だからお父様には彼の技術向上だけを求めるだけではなく、人としての成長も願って、今は彼の新たなスタートだと思っていただきたい。そんな内容で、手紙をしめくくった。
また僕は手紙の中で「お菓子以外の大事なこと」についても触れた。

・経営を切り盛りするマネジメント力
・世の中が感動するお菓子をつくり出せる技術
・一緒に働く従業員から尊敬される技術
・現場の状況・問題を改善提案できる技術
・コスト面をやりくりできる技術
・商品以外の楽しさを、人に与えることができる技術

細かく言えば、他にももっとたくさんの必要な要素がある。
これからの時代に自分のお店を持ち、繁盛させるには、おいしいお菓子をつくる技術とともに、これらをクリアできる圧倒的な力が不可欠なのだ。

僕の力が足りなくて、まだまだ彼には教えきっていないことが山ほどある。

僕はこんなふうに、スタッフの一人ひとりと向かい合い、彼らの将来に心を配っている。

スタッフは僕に期待をしてくれるけれど、僕や仲間が「君に期待してるんやで」と思っているのを忘れがちな人が多い。エスコヤマに期待をしながら「自分もエスコヤマだ」という人の期待を背負えない人もいる。

僕がC.C.C.で5タブレットを獲《と》ったように、スタッフのみんなにも「今日の5タブレット」を手にしてほしいのだ。そして後輩から見て、最上級の先輩であってほしい。僕はスタッフのみんなが部下からそう思ってもらうために、C.C.C.に出品していると言っても言いすぎではないのだ。

皆さんは、周りの人にどこまで心を配っているだろうか。

上司や先輩は部下の一人ひとりの将来を考えているだろうか。

忙しくて時間がない。とてもそこまではできないという人もいるかもしれない。けれど、人の上に立つ立場の人は、人を育てきるという覚悟と責任感が必要なのだと僕は思う。

それはとても長い道のりだ。

自分自身でさえなかなか変えられないのに、人を変えようとするのは、本当に難しい。けれど思いもよらず、「こいつ、気づいたんだろうか？」という行動を見つけたときは、僕は心底嬉しくて仕方がない。自分が成長したときより、人の成長に気づいたときのほうが、数十倍もの喜びになる。

そんな喜びと残念を繰り返しながら、僕はこれからも一生懸命に心配して、大きなおせっかいを続けていくだろう。そして決して諦めずに、一人ひとりを育てていくつもりだ。

おわりに

サロン・デュ・ショコラで連覇を逃した2013年の表彰式から一夜明けた日、妻からLINEでメッセージが届いた。日本での報道を見たのだろう。

「鋭《さとき》が、お父さんが5タブレットはとったけど、最優秀賞を逃したってニュースになってるよ。お父さんは逃してもニュースになるんやなあ。そうとう悔《くや》しいやろなって言うてるわ」

鋭は僕の長男である。

僕はさっそく鋭にメッセージを送った。

「お前、ええとこに気がついたな。ええときに褒《ほ》めてもらいすぎるやつは、ちょっとあかんかっても『ダメや』って言われてまうんや。オレはいつもそれを背負ってるから、大丈夫や。ただ、めっちゃ悔しいってことはお前に伝えとく。毎日生きてたら小さな悔しさなんていっぱいある。でも、今日の悔しさは何十年に1回のレベルや!! でもな! たまにこんなことでもなかったら、人間、レベル上がらへんのや。次見とけ!!」

それは息子に言い聞かせながら、自分にも言い聞かせた言葉だった。

息子に自分の失敗、悔しさや、つねにうまくいっていることばかりではないと伝えるいい機会をいただけたと思う。


それから1年後、最高位であるゴールドタブレットと、外国人部門の最優秀賞を受賞したことがわかり、その授賞式の前夜、息子に宛ててLINEでメッセージを送った。

息子は、「おめでとう」「1位ってこと？　すげえ」と喜んでくれた。

そのとき、僕は出品したショコラの画像を送った。

「なにこのカッコいいチョコ」と、息子は驚いたようだ。

「ロックやろ！　ROCKしてるときにこういう感覚学んだんや」と、僕はすかさず返した。

僕は高校1年からロックに興味を持ち、バンドを組んでいる。高校生の息子もロックをやっているという共通点があり、僕はロックで学んだことを息子に伝えたいと思っていた。

音楽は聴くものでありショコラは食べるものではあるが、周辺をイメージしプロデュースする力は、たとえばお菓子とパッケージデザインとの関係でも活かされる。ステージ上の演者はどんな照明を使い、どの曲から始めればかっこよく見えるのか。それを真剣に考えられれば、どんな仕事でも、見る人やお客様に商品やサービスをきちんとプロデュースし伝えることができる。

ロックから僕が学んでほしいこととは、そういうことだ。

じつをいうと、毎年パリで過ごしている期間に、息子の誕生日がある。今年は、誕生日プレゼントとして、日本で祝えない代わりに絶対に受賞したかった。

帰国後、「今回の件で何か学べたことあるか?」と息子に聞くと、こんなメッセージが返ってきた。

「日々レベルの高い次元で努力をし続けていても、評価は人がする、負けることもあるんだっていうこと。もうひとつ大切なのは、自分勝手な自己満足での頑張りではなく、本気で一生懸命やった人は本当の悔しさを知っているってこと。必ずその悔しさを活かし切り、次に繋《つな》げるんだな、と思った」

結局、「自己満足」や「自分なりに頑張っている」ではダメなのだ。圧倒的であると思っていても落ちることはある。あくまでも評価は人がするものであり、結果を得るためには、圧倒的な努力をし続けなければいけない。

息子にはどこまで伝わったかわからないが、ちょっとだけでも前に進んでくれた気がしている。

子どもに大人が見本を見せる、背中を見せることが一番大事だ。

それは上司と部下の関係でも同じだろう。

正論が正しいのではなく、見本を見せる、このことを今までと変わらず僕はやっていきたいし、皆さんにもそうあってほしいと思う。

僕はすでに、2015年のC.C.C.に向けて走り出している。

そうやってこれからも毎年毎年、さらなる飛躍を目指して、自分スタンダードを更新し続けていくだろう。

立ち止まっている時間は、僕にはないのだ。

最後までお読みくださって、ありがとうございました。

多くの方に支えられ、今日、エスコヤマは12年目を迎えることができました。

まずは、いつもエスコヤマを支えてくださっているお客様に感謝を申し上げたい。

さまざまな方との出会いがなければ、今のエスコヤマはありません。おそらく生まれてこなかったお菓子もあるだろう。

エスコヤマのスタッフのみんな、カカオやすべての農作物の産地の皆さん、そして、庭師の松下裕崇氏、写真家の石丸直人氏、すべての方のお名前は挙げられないが、店づくり、商品づくりを支えてくださっている方々に深く深く感謝したい。

また、僕を生んでくれた両親と、いつも支えてくれている僕の家族にも、この場を借りて改めてお礼を言いたい。ケーキ職人として働く背中を見せてくれた父。厳しくも愛情豊かな母。僕の味覚と、おせっかい焼きで心配性な性格は母からもらったものだ。

ヴェネチアン・ガラス・アーティストの土田康彦《つちだやすひこ》氏には素晴らしい推薦の言葉をいただいた。

最後に、『丁寧を武器にする』から始まり、今回も伝えたい想いを形にできたことを嬉しく思う。

スケジュール調整してくれたエスコヤマの伊藤君、前著に引き続き2冊目の書籍を支えてくださった大畠利恵さん、出版の機会を与えてくださった祥伝社書籍出版部の編集長と担当の栗原さんに感謝する。

2014年11月13日

12年目の日。三田　エスコヤマにて

小山進

「推薦の言葉」

相生《あいおい》なる先輩、小山進さん

激動の60年代、僕らは共に関西で生まれた。

1964年2月、京都で生まれた小山さんと、1969年7月、大阪で生まれた僕。

そして80年代、僕らはそれぞれに辻《つじ》調理師専門学校を卒業する。

将来的には音楽家になる気はなかった二人だが、しかし、彼も僕も感受性の強いティーンのころ、ロック音楽にはずいぶん影響を受けた。

ロック音楽からきっと何かを得ようとしたのだと思う。その得たものとはお互い違うものだったかもしれないが、自身の思想を形成する成長過程において、重要な要素を得たのかもしれない。

彼は甲斐《かい》よしひろに、僕は佐野元春《さのもとはる》に。

この大御所《おおごしょ》二人の人間性を知ると、僕らが吸収したものは音楽そのものではなく、むしろ彼らの詩の中にある世界観に何かを学んだような気がする。

つまり大御所二人の哲学とスタイルに自身の将来を重ねたのが僕たちだったかもしれない。


この三つのことしか、僕らには共通点はない。

チョコレートとガラス、あまり関連性はなさそうだ。

相生という言葉がある。一つの根に二つの木が生えること。

小山進のチョコレートと土田康彦のガラスの根幹は同じところにあるのかもしれない、と僕は勝手に考えてみる。


だから、小山さんを僕はつねに意識している。クリエーターとして尊敬している。

知的で情熱的なエスコヤマの一粒のチョコレートに、スピード感と狂暴性すら僕は感じる。すなわち芸術性だ。

1980年代から一世を風靡《ふうび》したヌーベル・キュイジーヌの製菓職人は高貴でゴージャスな仕事をする者が、一流のパティシエと呼ばれ花形だったが、その他のバジェットに貧しい一般的な菓子を作る職人は軽視されていた時代があった。

小山進はそうした封建的スタイルを哄笑《こうしょう》するかのように、一気闊達《いっきかったつ》な姿勢でもって、ロール・ケーキ・ブームを巻き起こした。

自信に満ちた大胆性と信じる味で、アカデミックなパティシエの世界に対決したのである。

しかし当時、誰よりも正確なレシピーを築き上げていたのは、まさに小山さんだと僕は疑わない。それも尋常ならぬ研究心とたゆまぬ積み重ねによって。

しかも、小山さんのお菓子は少しも難解ではなく、僅《わず》かな実験臭さもなかった点がさすが一流人だと思う。

そうこうしているうちに、最もアカデミックで権威ある賞を、パリでもN.Y.でも総なめし始めた。

京都出身の小山進しか作ることができないであろうチョコレートが見事な国際的評価を獲得し始めたのだが、もうそのころには彼の未練はそこになく、次の瞬間には「近所の駄菓子屋のおっちゃんになりたい」と言い出しては、子どものためのパティシエ工房「未来製作所」を作ってしまった。

気がつけば、追いかけていたのは世間であって、つねに一足先を行っていたのは小山さんだった。

入れ替わりの激しい現代のパティシエの世界は、美術の世界と同じく、目まぐるしいほどの速さで日々進化していく。しかし、小山さんは誰にも予測などできるはずのない荒れ狂う大海原のような明日に、つねに先手を打ち続けていた人なのだ。

しかし、そうした彼の姿は所謂《いわゆる》努力と言うようなジャンルのものではなかった。痛快にも自由に、それを見ている周囲の者は、爽《さわ》やかささえ感じていたことであろう。そこにも彼は気を配っていたと思う。そう考えると、周囲への彼の気の配り方こそ、一流だったのかもしれない。

だからこそ、その結果、彼は自由を手にすることができるのであった。


かつて世界が豊かだったころ、芸術家は散々自由に生きていた、と聞く。

とかくベル・エポック期のパリにおいては、ピカソしかり、シャガールしかり、モディリアーニしかり、ジャコメッティしかり……彼らが行き来した坂道、華やかなモンマルトル界隈《かいわい》を想像してみてほしい。

現在、芸術界において、自由な発想のもとに、ここまで伸び伸びと生きている芸術家はいるだろうか。

そんなこんなで今年も欧州の秋は深まり、その芸術の都パリでは、世界最大規模のチョコレートの祭典「サロン・デュ・ショコラ」が行なわれた。

審査の結果、脅威の満点で大賞を受賞したのは小山さんだった。

しかも、これが3度目の受賞だから、どれほど彼のショコラは美味しいのか、食べてみないわけにはいかないのだ。

小山さんのチョコレート・ボックスは多くの香りや味が美しい色彩のように響き合い、その旋律《せんりつ》には官能すら感じられる。

感受性に長《た》けた者なら、美しさのあまり、それを食することを躊躇《ためら》う者もいるだろう。

世界を震撼《しんかん》させた絶妙の味を生み出すためには技術以外に、どれほどの繊細な心を持たなければならないのだろう。

僕はそうも考えてみる。

そして、世界中の人々に、どれほど丁寧《ていねい》にその心を配らなければならないのだろうか。

チョコレートではなく真心をだ。

そうでもなければ、全出品数250作品という激戦の中、8人中8人の審査員が満点を与えるわけがない。

パリに伝わったものはきっと、小山ショコラの風味だけではない、僕はそう信じている。

そして、彼が配ろうとしているのは審査員だけにではない。彼が愛するものすべてにだ。


つねづね、僕は素材を超越した次元で美しいものだけを探求してきた。ガラスであろうが、大理石であろうが、鉄であろうが、土であろうが、自分の求める美を表現できるのであれば、素材にはこだわるべきではない。これが僕の信念だ。

だからこそ、小山進の激しい生き方は近い将来、芸術界にまで大きな波紋《はもん》を呼ぶこととなるだろう、と思っている。

小山進の一粒のチョコレートに、僕はそんな恐れさえ感じるのである。

2014年晩秋のヴェネチアにて

土田康彦（ヴェネチアン・ガラス・アーティスト）

ヴェネチア・ムラノ島に工房を構える唯一の日本人。「ガラスの詩人」の異名も持つ。

1969年、大阪市生まれ。辻調理師専門学校卒業と同時に日本を離れ、パリで食と芸術の道を目指す。1992年よりイタリア在住。ドゥッセルドルフにて名誉技術賞、トスカーナ・グロセト市より文化振興貢献者褒賞、オープン国際彫刻展最優秀グランプリ、第53回日本現代工芸美術展にて現代工芸賞などを受賞。

切りとり線

★読者のみなさまにお願い

この本をお読みになって、どんな感想をお持ちでしょうか。祥伝社のホームページから書評をお送りいただけたら、ありがたく存じます。今後の企画の参考にさせていただきます。また、次ページの原稿用紙を切り取り、左記編集部まで郵送していただいても結構です。

お寄せいただいた「100字書評」は、ご了解のうえ新聞・雑誌などを通じて紹介させていただくこともあります。採用の場合は、特製図書カードを差しあげます。

なお、ご記入いただいたお名前、ご住所、ご連絡先等は、書評紹介の事前了解、謝礼のお届け以外の目的で利用することはありません。また、それらの情報を6カ月を超えて保管することもありません。

〒101―8701（お手紙は郵便番号だけで届きます）
祥伝社　書籍出版部　編集長　萩原貞臣
電話03（3265）1084
祥伝社ブックレビュー　http://www.shodensha.co.jp/bookreview/

◎本書の購買動機

＿＿＿＿新聞の広告を見て	＿＿＿＿誌の広告を見て	＿＿＿＿新聞の書評を見て	＿＿＿＿誌の書評を見て	書店で見かけて	知人のすすめで

◎今後、新刊情報等のパソコンメール配信を　　希望する　・　しない
（配信を希望される方は下欄にアドレスをご記入ください）

@

100字書評

「心配性」だから世界一になれた

住所

名前

年齢

職業

「心配性《しんぱいしょう》」だから世界一《せかいいち》になれた

平成26年12月25日　初版第1刷発行
平成29年8月10日　　　第2刷発行

著　者　小《こ》山《やま》　進《すすむ》

発行者　辻　浩明

発行所　祥《しょう》伝《でん》社《しゃ》

〒101-8701
東京都千代田区神田神保町3-3
☎03(3265)2081(販売部)
☎03(3265)1084(編集部)
☎03(3265)3622(業務部)

印　刷　堀内印刷

製　本　ナショナル製本

ISBN978-4-396-61514-7 C0030

Printed in Japan

祥伝社のホームページ・http://www.shodensha.co.jp/

祥伝社のベストセラー

丁寧を武器にする

―なぜ小山ロールは1日1600本売れるのか?

小山　進

「常識」ではない〝当たり前〟を徹底せよ！「情熱大陸」出演！
世界を驚かせたパティシエ。その仕事哲学のすべて。

仕事に効く教養としての「世界史」

出口治明

先人に学べ、そして歴史を自分の武器とせよ。日本を知りたければ、
世界の歴史を知ることだ。人類5000年史から現代を読み抜く10の視点とは

2日で人生が変わる「箱」の法則　決定版

人間関係のモヤモヤを
解消するために

アービンジャー・インスティチュート
門田美鈴　訳

人間関係に悩むのは、私たちが「箱」に入っているから。自分の「箱」から脱出する方法とは?
ロングセラー『2日で人生が変わる「箱」の法則』が10年ぶりに新しくなりました！